1週間で JavaScript の基礎が学べる本

亀田 健司 著

インプレス

注意書き

● 本書の内容は、2023年4月の情報に基づいています。記載した動作やサービス内容、URLなどは、予告なく変更される可能性があります。

● 本書の内容によって生じる直接的または間接的被害について、著者ならびに弊社では一切の責任を負いかねます。

● 本書中の社名、製品・サービス名などは、一般に各社の商標、または登録商標です。本文中に ©、®、™ は表示していません。

ダウンロードの案内

本書に掲載しているソースコードはダウンロードすることができます。パソコンの WEB ブラウザで下記 URL にアクセスし、「●ダウンロード」の項目から入手してください。

https://book.impress.co.jp/books/1122101168

学習を始める前に

● はじめに

　本書は、これから JavaScript の学習を始めようとしている人のための入門書です。説明を全 7 章、7 日分に分けて、1 日 1 章分学んでいけば JavaScript の基礎について学べるようになっています。

　かつて JavaScript は Web ページにアニメーションなどの簡単な動きなどを付けるといったちょっとした役割を担うものでした。そのため文法も簡単で、Web ページ制作者が HTML や CSS を学ぶついでに学習するというのが相場でした。

　しかし近頃では、JavaScript を利用する技術も多岐にわたります。そのため需要も多いのですが、「一体 JavaScript ってどこから勉強したらよいかわからない」という入門者も増えていることでしょう。

◉ JavaScriptをどのように学習するべきか？

　そういったこともあり、JavaScript を学習する動機もさまざまです。プログラミング初心者が最初に選ぶ言語であったり、Web とはまったく関係ない分野で利用するために学習をはじめたりする人もいます。

　Web の世界からはじまり、万能な言語になりつつある JavaScript ですが、実はこういう状況が初心者にとっては一番厄介だったりします。なぜなら、あまりにも情報量が多くなりすぎて、「どこから手を付けていいかわからない」という状況になるからです。ネットの断片的な情報などを手掛かりにプログラムをかじりはじめると、ある程度のところで、多くの入門者は立ち往生してしまいます。

　しかし、こういうときこそ、あえてスタンダードな道を愚直にやるのが最終的には近道であり、あくまでも HTML や CSS との組み合わせから学ぶのが一番わかりやすいのです。

◉ 本書の最終目標

前述のような理由から、本書ではあくまでも基本に忠実に HTML と JavaScript を組み合わせた簡単な利用方法に焦点を当てて説明していきます。

ただ、JavaScript を学びたいという初心者は必ずしも Web 技術や HTML に関する知識が十分ということではないので、同時に必要最低限の知識も学びながら JavaScript について説明していくことにします。

Node.js のような JavaScript を用いた応用技術にチャレンジしてみたい人も、まずは HTML と JavaScript を組み合わせた簡単な利用方法からスタートしていただければと思います。

ただ、言うまでもないことですが、単に知的好奇心から HTML と JavaScript の学習にチャレンジしてみたい！という人も大歓迎です。

本書の構成

本書は最終的に HTML と JavaScript を組み合わせた簡単な Web サイトが構築できるようになることを目的としています。ただ、本格的な本編の学習に入る前に、おそらく初心者の方が知らないであろうインターネットや Web に関する基礎知識から学習を始めます。これらの知識をお持ちの方には少し冗長に見えるかもしれませんが、ぜひ復習も兼ねてこの箇所も飛ばさずに読み進めていただきたいと思います。

また、開発環境として多機能テキストエディタである Microsoft 社の Visual Studio Code（VS Code）と、Web ブラウザはシェアの高い Google 社の Google Chrome を用いたいと思います。これら以外の開発環境やブラウザを用いたい方もいらっしゃるでしょうが、VS Code と Google Chrome の組み合わせは、JavaScript の開発を便利にするさまざまな機能が充実しています。特に初心者の方はこれらのツールを活用して学習されることをお勧めします。

● 本書の活用方法

　本書は JavaScript の基本の解説、ならびに練習問題から成り立っています。本書を効果的に利用するためには、以下のような読み方をお勧めします。

◉ **1回目：**

　全体を日程どおり1週間でざっと読んで基礎を理解する。問題は飛ばしてサンプルを入力し、難しいところは読み飛ばして流れをつかむ。

◉ **2回目：**

　復習を兼ねて冒頭から問題を解くことを中心として読み進める。問題は難易度に応じて★マークが付いているので、★マーク1つの問題だけを解くようにする。その過程で理解が不十分だったところを理解できるようにする。

◉ **3回目：**

　★マーク2つ以上の上級問題を解いていき、実力を付けていく。わからない場合は解説をじっくり読み、何度もチャレンジする。

本書の使い方

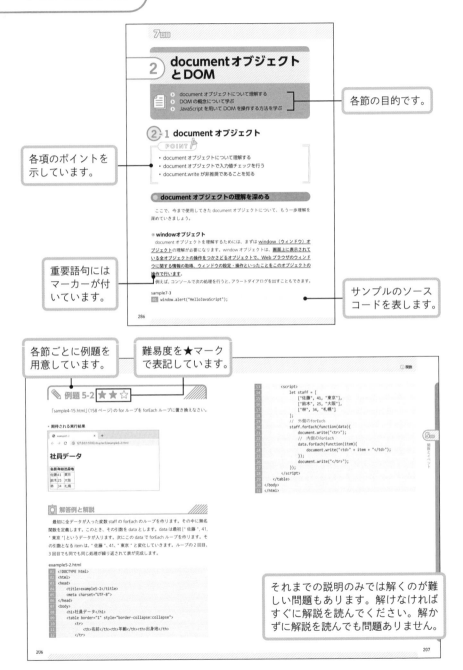

各節の目的です。

各項のポイントを
示しています。

重要語句には
マーカーが付
いています。

サンプルのソース
コードを表します。

各節ごとに例題を
用意しています。

難易度を★マーク
で表記しています。

それまでの説明のみでは解くのが難
しい問題もあります。解けなければ
すぐに解説を読んでください。解か
ずに解説を読んでも問題ありません。

目次

1日目

はじめの一歩

インターネットと Webアプリ

- ▶ インターネットについて学ぶ
- ▶ HTMLの役割について学ぶ
- ▶ Webサイトの仕組みについて学ぶ

1-1 Webサイトの基本

POINT

- インターネットの基本について理解する
- Webの基本的な仕組みを理解する
- Webサーバの役割について理解する

● インターネットとは何か

JavaScriptについて学ぶ前に、まずはインターネットやWebの仕組みから押さえておきましょう。

インターネット (Internet) とは、世界中にある **LAN (Local Area Network：ラン)** と呼ばれる小規模ネットワークの集合体が世界規模でつながったネットワークのことを指します。

インターネットでは、ネットワークに接続しているコンピュータと、別のコンピュータの間にあるいくつもの中継地点を経由してデータのやり取りをしています。つまり、**小さなネットワークが相互に協力し合い、リレーのようにしてデータを運ぶ仕組みになっているのです**。電子メール、Webの閲覧など、さまざまなサービスは皆この仕組みを利用してデータのやり取りを行っています。

データを宛先に届ける際にルートを選択することを**経路選択（けいろせんたく）**といいます。英語では**ルーティング（routing）**といい、それを行う装置を**ルータ**といいます。ルータはインターネットの中継地点の役割を果たします。

　ルータは LAN の形成にも利用され、さまざまな種類があります。自宅でプロバイダと契約しインターネットを利用している方がいると思いますが、その際外部のネットワークと接続するのに利用されているのが家庭用のルータです。

　家庭用ルータは、家庭内のスマートフォンやパソコン、ゲーム機などの機器をつなげて LAN を形成すると同時に、これらの機器を外部のネットワークに接続する役割を担っています。持ち運びが可能な**モバイルルータ**も同じような働きをしています。

● インターネットの仕組みとルータ

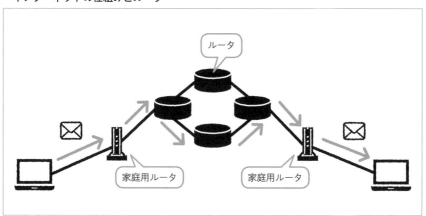

◉ IPアドレスとドメイン名

　インターネット上にあるコンピュータには、**IP アドレス**と呼ばれるアドレスが割り振られています。

　IP アドレスは 0 ～ 255 の数字を 4 つ組み合わせて表し、「192.168.0.1」といった形式で数値を「.（ピリオド）」で区切って表記します。

　しかし、この数字だけでは人間が理解しにくいため、IP アドレスには**ドメイン名**と呼ばれる別の名前が付けられます。例えば、「192.168.0.1」に「hoge.co.jp」という名前を付けることにより、IP アドレスを人間にも扱いやすい文字列で表します。

　ドメイン名はメールアドレスや Web サイトのアドレスである URL（17 ページ参照）に用いられます。

Webとは何か

Webとは、ネットワークに文章や画像を公開し、またそれらを結び付ける仕組みのことです。読者の皆さんもパソコンやスマートフォンなどでインターネットに接続し、日常的にさまざまなWebサイト（Web site）を閲覧していると思います。Webサイトはこの「ネットワークに文章や画像を公開し、それらを結び付ける仕組み」が利用されているのです。

◉ HTMLとWebブラウザ

Webサイトは文字や画像などで構成されており、これらは基本的に<u>HTML（HyperText Markup Language：エイチティーエムエル）というマークアップ言語で記述されています</u>。<u>ハイパーテキスト（HyperText）</u>とは、ハイパーリンク（13ページ参照）を埋め込むことができる高機能なテキストという意味です。

Webサイトの1つ1つのページは、Webページと呼ばれます。HTML文書は拡張子が「.html」もしくは「.htm」となっているファイルに保存されており、その中にはWebページの構成情報や文書の本文、画像、ほかのWebページへのリンクなどがテキストファイル形式で記述されています。WebページはHTMLと、それに関連付けられた画像などのファイルの組み合わせで構成されています。

そして、それを閲覧するためのソフトウェアを<u>**Webブラウザ**</u>といいます。

● WebブラウザとHTML

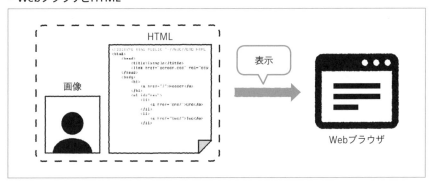

HTML（HyperText Markup Language）
Webページを記述するためのマークアップ言語

用語

Web ブラウザはさまざまなものがありますが、代表的なものは次のとおりです。本書では、Google Chrome を利用してサンプルの実行確認を行います。

● 主なWebブラウザ

名前	読み方	概要
Google Chrome	グーグル クローム	Webブラウザのシェア1位で、Google社によって開発された
Firefox	ファイアーフォックス	非営利団体であるMozillaによって開発されたWebブラウザ
Microsoft Edge	マイクロソフト エッジ	Microsoft社によって開発されたWebブラウザ
Safari	サファリ	Apple社によって開発されたWebブラウザ

◉ CSS

Web ページを構成するために、HTML とあわせて **CSS（Cascading Style Sheets）** と呼ばれるものを利用します。CSS は HTML のスタイル（装飾）を指定するためのスタイルシート言語です。 HTML が Web ページの各要素の意味や構造を記述するのに対し、CSS はそれらをどのように装飾するかを指定するために用います。

HTML では文書構造のみを定義して、スタイルについては CSS で指定することが推奨されています。そのため、CSS は HTML の中に埋め込むことも可能ですが、通常は別のファイル（css ファイル）に分けて記述します。Web ブラウザは HTML と CSS のコードを解釈し、それをもとに Web ページを構成します。

なお、以降の学習で JavaScript が埋め込まれた HTML が登場しますが、あくまで JavaScript の学習がメインですので、本書では CSS を使ったスタイルの設定は行いません。

◉ WWWとハイパーリンク

Web サイトは複数の Web ページで構成されており、それぞれのページは**ハイパーリンク**で結び付けられます。例えば、ある Web サイトで文字やボタン、図などをクリックすると、違うページにジャンプ（遷移）できます。これがハイパーリンクです。

ハイパーリンクは同一 Web サイト内だけではなく、世界中のあらゆる Web サイトに対して張り巡らすことができます。このつながりがクモの巣のように張り巡らされることから、クモの巣を表す「Web」という言葉が使われています。そして、世界中に張り巡らされた Web サイトのつながりを、**WWW（World Wide Web：ワールド ワイド ウェブ）**といいます。

● ハイパーリンク

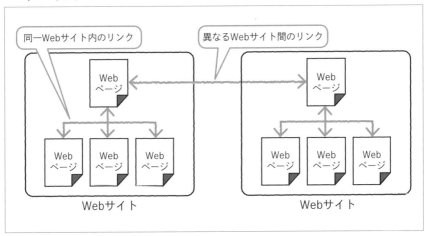

Web サーバと Web の仕組み

続いて、Web サイトには欠かせない Web サーバについて説明します。

◉ サーバとは何か

サーバ（server）とは、給仕など何らかのサービスを行う人、あるいは物という意味があり、インターネットの世界でも複数の意味があります。1 つは、Linux や Windows Server などの OS がインストールされた「サーバ」と呼ばれる種類のコンピュータのこと。もう 1 つは、クライアント（client）と呼ばれるコンピュータもしくはコンピュータ上のソフトウェアからの要求（リクエスト）に応じて、何らかのサービス（処理）を提供するソフトウェアのことです。本書で登場するサーバは、「クライアントの要求に応じてサービスを提供するソフトウェア」のことを指します。ここでは後者のサーバとその役割について説明します。

◉ サーバの種類

サーバにはさまざまな種類があり、サービスの内容によって呼び方が変わります。Web サービス（Web サイトの閲覧）を提供するのは **Web サーバ**です。ほかにも、電子メールの送受信を行うメールサーバ、ドメイン名を IP アドレスに変換する DNS サーバなどがあります。

● サーバの種類

名前	働き
Webサーバ	Webサービス（Webサイトの閲覧）を提供する
メールサーバ	メールの送受信に利用される
データベースサーバ	Webアプリケーションなどで利用するデータの管理を行うサーバ
DHCPサーバ	ネットワークに接続された機器にIPアドレスという住所を与えるサーバ
DNSサーバ	ドメイン名をIPアドレスに変換するサーバ

◉ Webサーバの働き

　私たちが Web ページにアクセスするためには、アドレスという住所のような情報が必要です。通常、Web ページのアドレスは、「http:// ○○ .co.jp」「https://www. ×× .com」のような形式で記述します。このアドレスを <u>URL（Uniform Resource Locator：ユーアールエル）</u> といいます。Web サイトを閲覧する際は、Web ブラウザの URL 欄に URL を入力することで、Web ブラウザに閲覧したい Web サイトの情報が表示されます。次の図とあわせて、Web ページが Web ブラウザで表示されるまでの流れを見てみましょう。

● Webページの閲覧

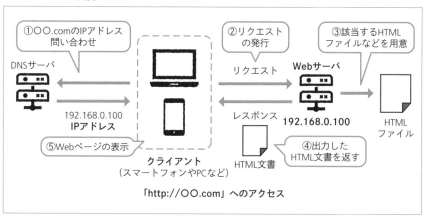

① ○○.comのIPアドレス問い合わせ
DNSサーバ
192.168.0.100
IPアドレス
⑤Webページの表示
クライアント
（スマートフォンやPCなど）
②リクエストの発行
リクエスト
レスポンス
③該当するHTMLファイルなどを用意
Webサーバ
192.168.0.100
④出力したHTML文書を返す
HTML文書
HTMLファイル
「http://○○.com」へのアクセス

① URL をもとに Web サーバの IP アドレスを取得する

11 ページで説明した IP アドレスは、Web サービスを提供する Web サーバにも割り振られています。

Web ブラウザから Web サイトにアクセスする際、まずは先ほど説明した DNS サーバへアクセスし、ドメイン名（URL の「http://」もしくは「https://」よりあとの部分）の対である IP アドレスを取得します。

② Web サーバにリクエストを送る

IP アドレスを取得したあと、Web サーバへ Web ページの閲覧（アクセス）を**リクエスト（request）**します。具体的に表現すると、「この IP アドレスに該当する HTML のデータを送ってほしい」と要求する作業です。

なお、Web サーバとのやり取りは、**HTTP** もしくは **HTTPS** というプロトコル（規約）に従って行います。

③該当する HTML の取得

リクエストに応えるため、Web サーバは Web ページの HTML ファイルや、画像などのデータを探します。

④ Web サーバがクライアントに対してレスポンスをする

探しだしたデータをクライアントへ返事として前述の HTML のデータや画像ファイルなどを送ります。クライアントのリクエストに返答することを**レスポンス（response）**といいます。

⑤ Web ページを表示する

最後にクライアント上の Web ブラウザがレスポンスによって得たデータをもとに Web ページを表示します。

◉ URLとHTTP・HTTPSプロトコル

URL は、アクセスしたい Web ページの住所と通信方式を文字列で表しています。通常、URL の先頭は「http」もしくは「https」という単語ではじまりますが、これは使用するプロトコルを指定しています。

http は、HyperText Transfer Protocol の略で、Web サーバとクライアント間で HTML で記述された情報をやり取りするためのルールです。また、https は Hyper Text Transfer Protocol Secure の略で、HTML で記述された情報を暗号化してやり取りを行うためのルールです。

「http://」のあとにホスト名を表す「www」が続くこともありますが、省略されることがほとんどです。さらにそのあとにサーバの住所を表すドメイン名が続きます。場合によってはドメイン名のあとにファイルが置いてあるディレクトリパスや、HTML ファイル名などが続くこともあります。その場合は、各ワードの間を「/（スラッシュ）」で区切って記述します。

● URLの仕組み

プロトコル://ドメイン名/ディレクトリパス名など

https://www.hoge.co.jp

プロトコル　ホスト名　ドメイン名

https://www.hoge.co.jp/information/

ディレクトリパス名

重要

HTTP と HTTPS は、Web サーバとクライアント間の通信に用いられるプロトコルです。HTTP と HTTPS の違いは、後者がセキュリティ面で強化されている点にあります。

◉ HTMLと文字コード

HTML と JavaScript の記述に触れる場合、避けてはとおれないのが**文字コード**の理解です。文字コードとは、コンピュータで文字を処理するために文字の種類に番号を割り振ったもので、さまざまな種類があります。

• 主要な文字コード

種類	読み方	概要
ASCII	アスキー	アルファベット、数字、記号、空白文字、制御文字などの128文字を表現。半角文字のみを扱う
Shift-JIS	シフトジス	WindowsやMS-DOSなどで使用される2バイトの文字コード。全角文字・半角文字ともに表現可能
EUC	イーユーシー	UNIX（OSの一種）上で漢字、中国語、韓国語などを扱うことができる
Unicode	ユニコード	世界中の文字を表現可能。現在、Webなどで標準的に用いられている文字コード

この中で特に大事な文字コードが Unicode です。**Unicode は全世界共通で使えるように世界中の文字を収録する文字コード規格で、インターネットの世界では世界標準となっています**。

◉ 文字エンコード

文字集合（もじしゅうごう）とは、文字と文字に付けた番号をまとめた情報のことで、**Unicode は文字集合の１つです**。さらに、コンピュータ上で数値の振り方をどうやって表現（エンコード）するかを決めているのが**符号化方式（ふごうかほうしき）**です。

UTF-8（ユーティーエフエイト）は Unicode の符号化方式の１つで、ほかに UTF-16 などの符号化方式があります。UTF-8 は ASCII で定義している文字を、Unicode でそのまま使用することを目的として制定しています。**そのため世界中の多くのソフトウェアやインターネット環境が UTF-8 を使用しています**。幅広く普及していることを考えると、UTF-8 は世界的にもポピュラーな文字コードだといえるでしょう。

1-2 Web アプリの仕組み

- 静的 Web ページと動的 Web ページの違いを理解する
- サーバサイドとクライアントサイドについて理解する
- JavaScript について理解する

動的 Web ページと静的 Web ページ

インターネットと Web サイトの基本的な仕組みは理解できたでしょうか？ 次は**静的 Web ページ**と**動的 Web ページ**について見ていきましょう。

◎ 動的Webページ

インターネット技術が発達してくると、人々は動きのない Web ページに満足できなくなります。そこで出現したのが**動的 Web ページ**です。動的 Web ページは文字どおり動きのある Web ページのことで、簡易的なものとしては応募フォームや掲示板などが該当します。また、複雑な動的 Web ページとしてはブログや EC サイトなどが該当します。

例えば、1 週間プログラミングシリーズの既刊書で解説している PHP というプログラミング言語を使って、動的 Web ページを表示する流れは次のとおりです。

● 動的Webページの基本的な仕組み

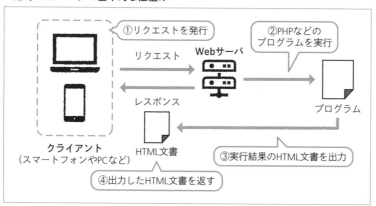

クライアントがリクエストを送ったあと、Web サーバで PHP のプログラムを実行し、出力された HTML がレスポンスとしてクライアントに送られます。こういった Web ページは、**Web アプリケーション（Web アプリ）**とも呼ばれます。

これに対し、HTML と CSS だけで構成された Web ページを**静的 Web ページ**といいます。現在の Web サイトは多くが動的 Web ページであり、静的 Web ページだけで構成されている Web サイトはほとんどありません。

用語

静的 Web ページ
HTML と CSS のみで構成された動きがない Web ページ

動的 Web ページ
動きのある Web ページ。HTML と CSS に加えて、何らかのプログラミング言語を使って実現する

● サーバサイドとクライアントサイド

動的 Web ページを実現するための処理は、**サーバサイド**と**クライアントサイド**に大きく分かれます。

サーバサイドは Web サーバなどで動作し、Web ブラウザなどのクライアントからの要求に応じて処理を実行し、結果をレスポンスとして返します。このような仕組みを提供する環境としてよく使用されるのが <u>LAMP</u> と呼ばれるものです。

◉ LAMP

LAMP とは、Web アプリを動かす環境の頭文字をとったもので、次の要素で構成されます。

- L：Linux の頭文字で、OS の名前を指す
- A：Apache の頭文字で、Web サーバのソフトウェアの名前を指す
- M：MySQL もしくは MariaDB の頭文字で、DBMS を指す
- P：PHP、Python、Perl の頭文字で、プログラミング言語を指す

Web アプリを構築するために使用できる環境はこれ以外にも存在しますが、LAMP はよく出てくる用語なので覚えておくとよいでしょう。

用語

LAMP
Web アプリ環境として人気の高いオープンソースのソフトウェアの頭文字を連ねたもの

◉ LAMP環境におけるサーバサイドの処理の流れ

掲示板を例に、LAMP を利用した Web アプリがどのような動作を行うのかを簡単に説明しましょう。

● サーバサイドアプリの起動例

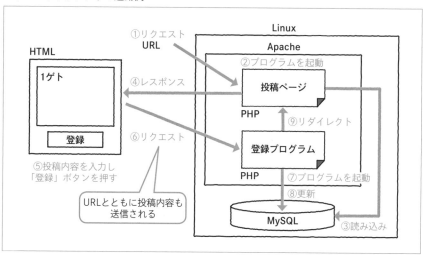

Web ブラウザから掲示板サイトにアクセスすると、リクエスト（①）を受け取った Web サーバは PHP などで記述されたプログラムを実行します（②）。

この際、実行したプログラムはデータベースから該当するデータを読み出し（③）、それをもとに HTML を構築し、クライアントにレスポンスします（④）。

レスポンスを受け取った Web ブラウザは、掲示板の内容を表示します。

掲示板サイトが表示されたあと、何らかの書き込みをして投稿ボタンをクリックしたとします（⑤）。すると、新たなリクエスト（⑥）が登録プログラムを呼び出し（⑦）、それにより投稿内容を保存しているデータベースに内容が記録されます（⑧）。

なお、データベースへの一連のアクセス処理のことを **CRUD** といいます。CRUD とは **データの作成（Create）**、**読み出し（Read）**、**更新（Update）**、**削除（Delete）**

の頭文字をつなげたものであり、データベースの基本処理です。**多くの Web アプリ はデータベースと連携し、CRUD を処理の基本としています。**

◉ JavaScriptは主にクライアントサイドで使う言語

ここまで読んできて「JavaScript という言葉が一言も出てこないじゃないか」と思われた方も多いことでしょう。

JavaScript も動的 Web ページを構築するために必要なプログラミング言語の 1 つではあるのですが、サーバサイドではなくクライアントサイドで利用することが多いプログラミング言語なのです。

例えば、パソコンで Web サイトにアクセスしたとき、画像にマウスポインターを重ねるとアニメーションが再生されたり、ニュースサイトを閲覧している際に一定時間で記事が自動的に更新されたりすることがあるかと思います。**これらは、HTML に埋め込まれた JavaScript のプログラムによって、実行されている処理なのです。**

● HTMLにJavaScriptを埋め込む

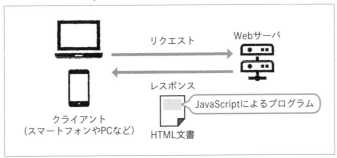

リクエスト
Webサーバ
レスポンス
JavaScriptによるプログラム
クライアント
（スマートフォンやPCなど）
HTML文書

Web ブラウザには JavaScript エンジンと呼ばれる、JavaScript を実行するための専用のエンジンが用意されており、Web ブラウザ上で実行されます。

また **JavaScript のプログラムは、HTML に埋め込むだけではなく、別ファイルに分けたうえで呼び出すことも可能で、どちらも Web ブラウザ上で実行されるのは同じです。**

なお、クライアント上の Web ブラウザなどで実行する処理のことをクライアントサイドと呼びます。

重要

動的 Web ページは、HTML に JavaScript を埋め込む方法でも実現できます。

◉ サーバサイドとクライアントサイドのプログラムの違い

では一体、サーバサイドとクライアントサイドのプログラムはどのようにして使い分けられているのでしょうか？

サーバサイドのプログラムはインターネットを経由してアクセスする必要があるため、処理が遅くなる可能性があることから、**ユーザーの処理にすぐに反応したい場合はクライアントサイドで処理を行います**。ただし、データベースへのアクセスなどが必要な処理は、サーバサイドで処理を行ってレスポンスします。

このように、クライアントサイドとサーバサイドの処理は、処理の内容によってどちらで行うかを考えます。特に高度な Web アプリはこれらの長所を巧みに組み合わせて、複雑な処理を実現しています。

なお、サーバサイドは**バックエンド**、クライアントサイドは**フロントエンド**とも表現されます。

JavaScript

JavaScript は主にクライアントサイドに使用するプログラミング言語であることは理解していただけたと思います。そこで、ここではもう少し詳しく JavaScript について解説していくことにしましょう。

◉ プログラミング言語とは何か

私たちの身の回りには、コンピュータが内蔵されたさまざまな機器があります。パソコンやスマートフォン、ゲーム機などといったものばかりではなく、自動車や家電製品の制御、さらには信号や電車の制御などの交通インフラなどその種類はさまざまです。

コンピュータとそれ以外の機械の大きな違いは、コンピュータ単体では何の役にも立たないということです。コンピュータを制御するには、コンピュータに対し、どのように仕事や作業をするかということを教える必要があります。この一連の作業のことを**プログラミング（programming）**といいます。

そして**プログラムを作るために必要な言葉をプログラミング言語**といいます。これは、コンピュータが理解できる言語で、コンピュータ上でアプリケーションをはじめとする、さまざまなソフトを作ることができるのです。

● JavaScript以外の主なプログラミング言語

言語名	特徴
C言語	OSやミドルウェアの開発によく用いられる。省メモリでハイスピードのソフトウェアを開発できる
C++	C言語を拡張した言語。オブジェクト指向という考え方に対応している
C#	C言語をベースに開発されたオブジェクト指向言語。Microsoft社によって開発された
Java	C++をベースにして開発され、WebアプリのサーバサイドやAndroidなどで用いられている言語
Swift	Apple社が独自に開発した言語。iPhoneやiPadのアプリ開発に用いられる
PHP	Webアプリの開発に特化した言語
Ruby	日本人のまつもとゆきひろ氏によって開発された言語。Webアプリのサーバサイド開発に用いられ、Ruby on Railsというフレームワークがよく利用される
Python	人工知能や機械学習、Webアプリなどの分野で用いられる言語

◉ JavaScriptとはどんな言語か

では、数あるプログラミング言語の中で、JavaScript はどのような特徴を持った言語なのでしょうか。

22 ページでも少し説明しましたが、JavaScript は主に動的 Web ページのクライアントサイドのプログラムを記述する際に用いる言語です。HTML の中に埋め込んで、Web サイトの挙動を記述する際に用います。

比較的よく利用する目的として、次のようなものがあります。

- ポップアップウィンドウの表示
- 入力フォームの入力内容の確認
- Web ブラウザの拡張機能全般（プラグイン）
- サムネイル画像にマウスオーバーしたとき、サムネイル画像の枠内でアニメーション表示する

もちろんこれ以外にもさまざまな処理を行えますが、Web ブラウザ上で行われる簡単なアニメーションなど、リアルタイムで表示される処理は、ほぼ JavaScript で記述されているものと思って間違いないでしょう。

◉ コンパイラとインタープリタ

コンピュータにはさまざまなプログラミング言語が存在しますが、コンピュータの中核部分である CPU と呼ばれる部品は、マシン語（機械語）と呼ばれる人間にとっては数値の羅列にしか見えない特殊な言語しか利用できません。そのため、どのようなプログラミング言語もいったんこのマシン語に変換したのちに実行する必要があります。

コンピュータのプログラムは一般に**ソースコード**と呼ばれるファイルに記述された文書データですが、これをマシン語に変換してから実行します。マシン語への変換方法の違いによって**コンパイラ型**と**インタープリタ型**と呼ばれる 2 つのタイプの言語が存在します。

コンパイラ型の言語は、プログラムをすべてマシン語に変換してから実行します。コンパイラ型の言語は、コンパイルの時間はかかるものの、プログラムの実行スピードが速いという特徴があります。このタイプの代表例として C 言語などが挙げられます。

これに対し、インタープリタ型の言語は、プログラムを 1 行ずつマシン語に変換しながら実行します。インタープリタ型の言語はコンパイルの手間はかからないものの、プログラムの実行スピードはコンパイラ型の言語に劣るという特徴があります。

● コンパイラとインタープリタ

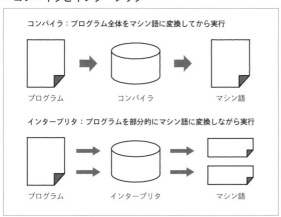

JavaScript はこのうちインタープリタ型のプログラミング言語に該当します。Webブラウザは JavaScript エンジンと呼ばれるインタープリタを内蔵しており、HTML にJavaScript が埋め込まれている場合、それを逐次解釈し実行するのです。

● JavaScriptの歴史

JavaScript がどのような言語かを知るためにはその歴史を知る必要があります。ここでは簡単にその歴史を説明しましょう。

とはいえ、**JavaScript の変化の歴史は大変複雑であるため、初心者を混乱させないためにここでは学習に必要な最低限の前提知識だけを提供するようにします。**

（1）JavaScript の誕生

JavaScript が生まれたのは 1995 年のことで、当時は LiveScript（ライブスクリプト）と呼ばれており、言語としても原始的なものでした。また、実行できる Web ブラウザは、当時キ流の Web ブラウザの 1 つである Netscape Navigator（ネットスケープナビゲーター）のみでした。

その後、JavaScript という名前に変更されましたが、これは Netscape Navigator を開発した Netscape Communications 社が、Java を開発した Sun Microsystems（サン・マイクロシステムズ）社と提携関係にあったためです。**言語としては全く異なるものですので、混同しないように注意しましょう。**

（2）ブラウザ戦争と規格の乱立

JavaScript のリリース後、ブラウザ戦争と呼ばれるさまざまな種類の Web ブラウザが乱立する時代が来ます。

代表的な Web ブラウザとしては、Microsoft 社が開発した Internet Explorer（インターネットエクスプローラー：IE）などが挙げられますが、IE では JScript という JavaScript に似た言語が用いられるようになりました。

その結果、Web ブラウザごとに独自の JavaScript や類似言語の規格が乱立し、Web 開発者に混乱をきたすようになりました。

（3）ECMAScript の誕生と統一規格の誕生

こういった状況を打破すべく、Netscape Communications 社の働きかけにより JavaScript の規格の標準化がはかられ、ECMA International という標準化のための団体が設立されました。

その後、主要な Web ブラウザは、この規格に準拠した JavaScript を採用するようになり、Web ブラウザが異なっても同じような動きをする JavaScript が利用可能になりました。

（4）いまだに残る問題

とはいえ、これで JavaScript の互換性に関するすべての問題が解決したわけではありません。各 Web ブラウザの JavaScript は ECMAScript の規格に準拠しつつも、さまざまな事情により Web ブラウザごとの方言を残しています。そのため、互換性の問題が完全にクリアされたわけではないことは注意する必要があります。

◉ JavaScriptを学ぶ際の注意点

前述のように、JavaScript には Web ブラウザの違いによる方言が存在します。

本書では極力そういった問題が起きないように解説を行いますが、混乱を避けるために Web ブラウザとして最もシェアの高い Google Chrome で実行確認を行います。

初心者の方はまず Google Chrome で学習したのちに、必要に応じて他の Web ブラウザの独自の機能について学習することをお勧めします。

2 開発環境の構築

- ❯ HTML と JavaScript の開発環境を構築する
- ❯ 簡単な HTML で動作を確認する

2-1 開発環境の概要

- Visual Studio Code をインストールする
- Visual Studio Code に拡張機能を追加する
- Google Chrome をインストールする

HTML の学習環境の構築

JavaScript の学習をするために、学習環境の準備を行います。

プログラムを記述するために、適切な**テキストエディタ**を利用しましょう。テキストエディタとは、文字や記号などのテキストで構成されているテキストファイルを編集するソフトウェアのことです。入力したプログラムは、Web ブラウザの Google Chrome を利用して確認します。これらをインストールし、開発環境の構築を行っていきましょう。

本書では、次のソフトウェアを利用して学習を進めます。

- Visual Studio Code（以降、VS Code）
- Google Chrome（以降、Chrome）

● VS Code のインストール

　まずは、VS Code をインストールしましょう。Microsoft 社が開発した無料で利用できるテキストエディタで、Web 開発に便利な機能が充実しています。特に Live Server というプラグイン（拡張機能）を追加すると、**VS Code で入力した HTML や JavaScript をその場ですぐに Web ブラウザ上で確認できるため、快適に学習を進められます。**

　VS Code は次の URL からインストーラをダウンロードできます。

● VS Code の公式サイト

https://code.visualstudio.com

● VS Codeの公式ページ

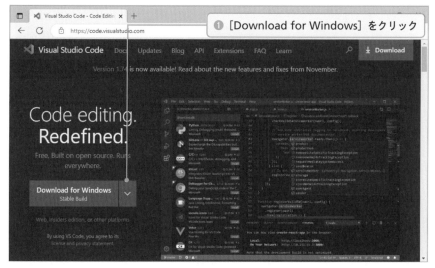

　ダウンロードしたインストーラをダブルクリックすると、インストールが開始されます。

　最初にライセンスに関する同意を求められるので［同意する］を選択し［次へ］をクリックします。

● 使用許諾契約書の同意

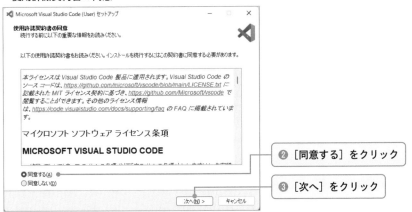

② [同意する] をクリック

③ [次へ] をクリック

　次にインストール先の設定が求められます。変更せず、そのままの状態で［次へ］をクリックします。

● インストール先の指定

④ [次へ] をクリック

　スタートメニューフォルダーの作成先の指定が求められます。こちらもそのままの状態で［次へ］をクリックします。

- スタートメニューフォルダーの指定

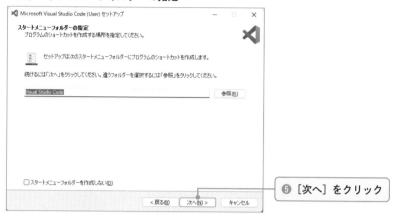

⑤［次へ］をクリック

　続いて、追加タスクの選択が求められます。次の3項目にチェックマークを付け、それ以外はチェックマークを付けずに［次へ］をクリックします。

- ［デスクトップ上にアイコンを作成する］
- ［エクスプローラーのファイルコンテキストメニューに［Codeで開く］アクションを追加する］
- ［PATHへの追加］

- 追加タスクの選択

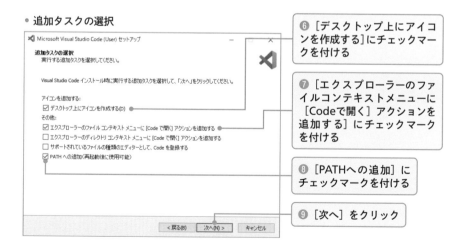

⑥［デスクトップ上にアイコンを作成する］にチェックマークを付ける

⑦［エクスプローラーのファイルコンテキストメニューに［Codeで開く］アクションを追加する］にチェックマークを付ける

⑧［PATHへの追加］にチェックマークを付ける

⑨［次へ］をクリック

最後に［インストール］をクリックするとインストールが実行されます。

● インストールの準備完了

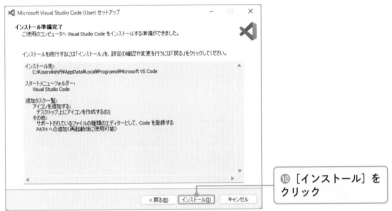

⑩［インストール］を
クリック

　インストールが完了したら［完了］をクリックします。［Visual Studio Code を実行する］にチェックマークを付けたままで［完了］をクリックすると、VS Code が起動します。

● インストールの完了と起動

⑪［完了］をクリック

VS Code のテーマ設定と拡張機能のインストール

VS Code の初回起動時は、次のような画面が表示されます。この画面では、VS Code テーマ（外観）の設定を行えます。

初期設定では、[Dark] という黒背景に白文字で表示される設定です。本書では、見やすさを考慮して白背景に黒文字の [Light] に設定します。画面の色が変わるだけで、メニューの内容自体はどれも同じですので、[Dark] のままにしたい方は、そのままの設定で構いません。

● テーマを設定する

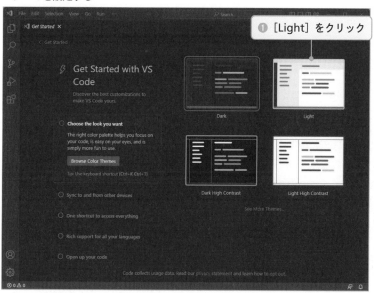

VS Code にはマーケットプレイスという機能があり、さまざまなプラグイン（拡張機能）を追加することができます。マーケットプレイスを利用して、VS Code の日本語化機能と、簡易的な Web サーバである Live Server を追加しましょう。

VS Codeのサイドバー

拡張機能を追加する前に、VS Code のサイドバーを確認しておきます。サイドバーは VS Code の左側にあるアイコンの一覧です。このアイコンをクリックすると、次のようなことが行えます。

● VS Codeのサイドバー

VS Codeの日本語化

VS Code を日本語化するためには、「Japanese Language Pack」という拡張機能を追加します。サイドバーの [Extensions] をクリックすると、さまざまな拡張機能が表示されます。入力部分に「japanese」と入力すると、[Japanese Language Pack] が表示されるので、[Install] をクリックします。

● 「Japanese Language Pack」をインストールする

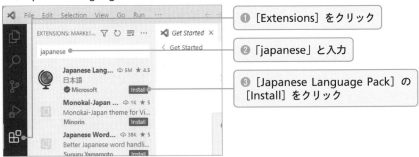

インストールが完了すると、右下に次のようなダイアログが表示されます。VS Code を日本語で使うには再起動が必要だという意味のメッセージなので、[Change Language and Restart] をクリックして VS Code を再起動させましょう。

- [Japanese Language Pack] を有効にする

VS Code を再起動すると、先ほどはすべて英語だったメニューやメッセージがすべて日本語に変わっていることが確認できます。

- 日本語化されたVS Code

● Live Serverのインストール

次に「Live Server」をインストールします。[拡張機能] をクリックして「Live」と入力すると、[Live Server] が表示されるので [インストール] をクリックします。

- Live Serverの選択とインストール

❶ ［拡張機能］をクリック

❷ 「Live」と入力

❸ ［Live Server］の［インストール］をクリック

Chrome のインストール

最後に Chrome をインストールします。使用している Web ブラウザがすでに Chrome の場合は、次の手順を飛ばして構いません。

まず、使用している Web ブラウザで Chrome のダウンロードページにアクセスします。

- Chrome のダウンロードページ

https://www.google.co.jp/chrome/

- Chromeのダウンロードページ

❶ ［Chromeをダウンロード］をクリック

ダウンロードしたインストーラをダブルクリックすると、インストールが開始されます。インストールが完了するとデスクトップにアイコンが追加され、ダブルクリックすると Chrome が起動します。

• Chromeのアイコン

◉ Live Serverで使用するWebブラウザをChromeにする

次に VS Code の Live Server で起動する Web ブラウザを Chrome に指定します。初期状態のままの場合、パソコンにもともと設定してあるデフォルトの Web ブラウザを起動して Web ページを表示します。そのため、<u>作成した HTML や JavaScript の確認を Chrome で行うには、あらためて Live Server で利用する Web ブラウザを Chrome に設定する必要があります</u>。

VS Code に戻り、［Live Server］の［拡張機能の設定］を表示します。

• Live Serverの拡張機能の設定

Live Server の設定が表示されるので、その中から［Liver Server > Settings: Custom Browser］を確認します。

インストールした時点で、この項目は「null」となっています。この状態だと、Live Server は OS にインストールされたデフォルトの Web ブラウザを起動します。

● Live Serverの設定

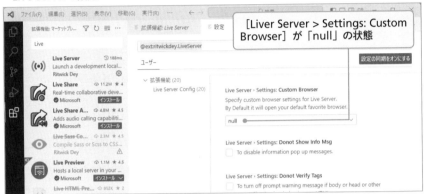

［Liver Server > Settings: Custom Browser］が「null」の状態

プルダウンメニューの中から［chrome］を選択します。すると Live Server を実行したとき、Chrome に実行結果が表示されます。

● WebブラウザをChromeに設定する

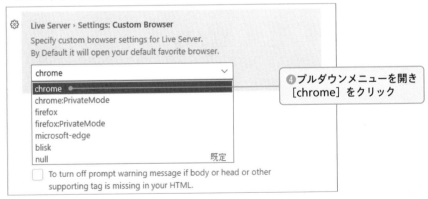

❹プルダウンメニューを開き［chrome］をクリック

これで準備は完了です。設定タブの［×］をクリックして Live Server の設定画面を閉じてください。

2-2 簡単な HTML のサンプルの入力

- 簡単な HTML を入力してみる
- 入力した HTML の出力結果を確認してみる
- HTML の基本構造を理解する

簡単な HTML ファイルを作ってみる

JavaScript について理解するには、HTML の理解が欠かせません。まずは、HTML ファイルを作成して、Web ブラウザで確認してみましょう。

◉ VS Codeで作業用フォルダーを選択する

最初に行わなくてはならないのが、HTML ファイルを保存する作業用フォルダーの選択です。ここでは、「ドキュメント」フォルダーに「JavaScript」という名前の作業用フォルダーを作り、そこを指定することにしましょう。

まず「JavaScript」フォルダーを作成し、その後に VS Code のメニューから［ファイル］－［フォルダーを開く］をクリックします。

● 作業用フォルダーの選択①

❶［ファイル］－［フォルダーを開く］をクリック

「PC > ドキュメント > JavaScript」というフォルダーをこの作業フォルダーに指定します。

ファイルダイアログが表示されるので、ここで「PC > ドキュメント」に作った「JavaScript」フォルダーを選択し、[フォルダーの選択] をクリックします。

● 作業フォルダーの選択②

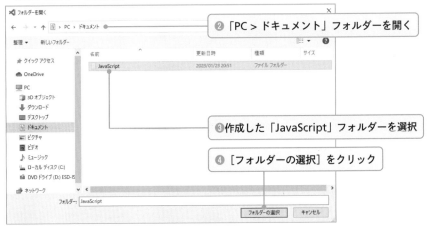

フォルダーを選択すると、「このフォルダー内のファイルの作成者を信頼しますか？」という確認が求められる場合がありますので、[はい、作成者を信頼します]を選択してください。

● 作業フォルダーの選択に関する確認

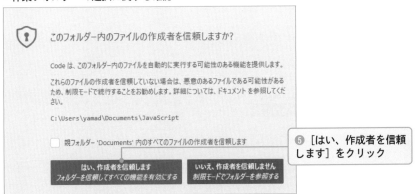

これで「JavaScript」フォルダーが、作業用フォルダーとして選択されました。

◉ VS Codeで新しいファイルを作成する

続いて HTML ファイルを作成します。エクスプローラーのフォルダー名の横にある［新しいファイル］をクリックしてください。新しいファイルにファイル名が入力できる状態になるので、「sample1-1.html」と入力してください。

● 新しいファイルの作成

「sample1-1.html」が作成され、入力できる状態になります。

● HTMLが入力可能な状態

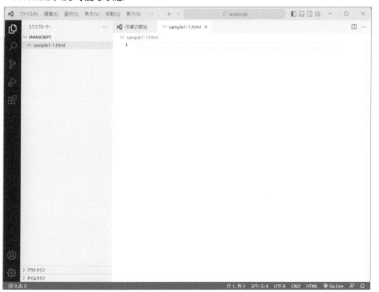

● HTML の入力

下記の HTML を実際に入力して、Web ブラウザで確認してみましょう。入力後、Live Server を利用して Web ブラウザで実際に表示させます。

sample1-1.html

```
01  <!DOCTYPE html>
02  <html>
03  <head>
04      <title>sample1-1</title>
05      <meta charset="UTF-8">
06  </head>
07  <body>
08      <h1>HTML入門</h1>
09      <p>まずはHTMLの基本を学びましょう。<br>JavaScriptはその次です！</p>
10      <p>HTML&amp;JavaScriptは切っても切り離せません！</p>
11  </body>
12  </html>
```

行頭の空白になっている部分（インデント）は、Tab キーを押すか、Space キー4回で入力します。

● インデントの入力方法

```
    <head>
        <title>1週間でJavaScriptの基礎が学べる本</title>
```
Tab キーもしくは Space キー4回で入力

なお、このような半角スペース・タブ文字・改行といった制御文字のことを**ホワイトスペース（white space）**といいます。HTML の表示結果には影響を与えませんが、これを入れることにより HTML の記述が読みやすくなります。

ただ、**全角スペースはホワイトスペースには含まれないので注意が必要です。**

注意

全角スペースは見えませんが、ホワイトスペースには含まれません。

● HTMLの入力が終わった状態

```
<> sample1-1.html ●
<> sample1-1.html > ⬡ html
1    <!DOCTYPE html>
2    <html>
3    <head>
4        <title>sample1-1</title>
5        <meta charset="UTF-8">
6    </head>
7    <body>
8        <h1>HTML入門</h1>
9        <p>まずはHTMLの基本を学びましょう。<br>JavaScriptはその次です!</p>
10       <p>HTML&amp;JavaScriptは切っても切り離せません!</p>
11   </body>
12   </html>
```

　入力した内容は、メニューから［ファイル］－［保存］を選択するか、Ctrl + S キー
を押すと、ファイルに保存されます。

　保存されると、ファイル名「sample1-1.html」と書かれたタブの右側に出ている●
が×に変わります。これはファイルが保存されたことを意味します。

◉ **実行結果の確認**

　HTML の内容を Web ブラウザで確認します。エクスプローラー上で確認したい
HTML ファイルである［sample1-1.html］を右クリックし、［Open with Live Server］
をクリックします。

● Live Serverを実行する

❶［sample1-1.html］を右クリックし、
［Open with Live Server］をクリック

　Chrome が起動し、次のような実行結果が得られます。

- 「sample1-1.html」の実行結果

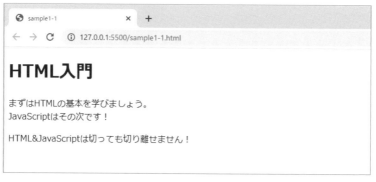

Chrome の URL 部分は次のようになっています。

- sample1-1.htmlを閲覧するためのURL

```
http://127.0.0.1:5500/sample1-1.html
```

　最初の「127.0.0.1:5500」の部分は Live Server の IP アドレスなどの情報です（環境により異なる場合があります）。そのあとにファイル名である「sample1-1.html」が表示されます。つまり、Live Server が Web サーバのような役割を持ち、選択した「sample1-1.html」を Web ブラウザに渡しているのです。

基礎的な HTML のタグ

　「sample1-1.html」の内容を確認しながら、基礎的な HTML のタグについて説明します。

　「sample1-1.html」には＜○○＞〜＜/○○＞という記述がたくさん使われています。この＜○○＞や＜/○○＞の部分は**タグ（tag）**といいます。また、最初の＜○○＞を**開始タグ**、最後の＜/○○＞を**終了タグ**といいます。「○○」の部分に入る文字で処理内容が変わります。タグで囲まれた範囲を**要素（ようそ）**といいます。

　なお、タグの種類によっては、開始タグのあとに「△△="××"」といった付属情報が付く場合があります。これを**タグの属性**もしくは**属性**といい、タグだけで情報を伝えるのが不十分な場合に追加します。

　一般的に HTML は、このタグが入れ子構造になって構成されています。

● HTMLとタグ

◎ 文書型宣言

まず、1行目にある次のような記述を**文書型宣言**もしくは**宣言**といいます。

● 文書型宣言

```
<!DOCTYPE html>
```

　これは正確にいえば HTML ではなく「これは HTML で書かれていますよ」ということを宣言する文です。決まり文句として必ず冒頭に記述しましょう。

◎ HTMLの構造

　HTML 文書は html タグで囲まれています。つまり、<html> から </html> までの要素が HTML を表しているわけです。

　HTML はさらに head タグの要素である**ヘッダ**と呼ばれる部分と、body タグの要素による本体に分けられます。**ヘッダはページに関する情報が記述され、私たちが目にする部分は body の要素として記述されます。**

　HTML 文書は、さまざまなタグが入れ子状態になっているため、**タグの中にさらにタグを入れる場合はインデントを入れて見やすくするように工夫します。**

● htmlタグと要素

重要
- HTML 文書の本体は html タグの要素
- head タグはヘッダを表し、ページに関する情報が記述される
- body タグの要素が、Web ページに表示させたい内容に該当する

head タグ

次に head タグの部分を解説していきましょう。

● headタグの中身

```
<title>sample1-1</title>
<meta charset="UTF-8">
```

titleタグ

最初の title タグは、文字どおりページのタイトルを表すものです。使用する Web ブラウザの種類にもよりますが、このタイトルはページを開いている際にタブの部分に表示されます。

metaタグ

その次の行は meta タグといいます。このタグはページの**メタ情報**と呼ばれるものを定義するためのタグで、charset 属性で**文字エンコーディング**を指定しています。

ここでは文字エンコーディングに UTF-8 を指定しています。つまり「この HTML 文書は文字コードとして UTF-8 を指定していますよ」ということを宣言しています。なお、HTML や JavaScript のファイルは、VS Code で編集すると UTF-8 で保存されます。

● body タグ

　Webページに表示させたい内容は、bodyタグの中に記述します。ここではbodyタグの中で使用している見出しタグとpタグについて説明します。

◉ 見出しタグ

　h1タグは、文章に見出しを付ける<u>見出しタグ</u>の一種です。このタグにはh1～h6の6段階あり、h1が1番大きい見出しで、数字が大きくなるほど小さい見出しになります。

• h1～h6タグとその出力結果

```
<h1>h1は1番大きい見出し</h1>
<h2>h2は2番目に大きい見出し</h2>
<h3>h3は3番目に大きい見出し</h3>
<h4>h4は4番目に大きい見出し</h4>
<h5>h5は5番目に大きい見出し</h5>
<h6>h6は6番目に大きい見出し</h6>
```

h1は1番大きい見出し
h2は2番目に大きい見出し
h3は3番目に大きい見出し
h4は4番目に大きい見出し
h5は5番目に大きい見出し
h6は6番目に大きい見出し

重要

　見出しタグにはh1～h6までの6段階あります。

◉ pタグ

　pタグは最もよく使われるタグといえます。pはParagraph（パラグラフ）の頭文字で、段落を表します。文章では何度も使われ、<u>段落の最後で自動的に改行されます</u>。

pタグ
```
<p>表示したい文章</p>
```

● brタグ

　br タグは、文章の途中で改行を行う際に使用するタグです。単独で用いられるタグで、文章の途中などで用いると改行が挿入されます。

● brタグと改行

> ### HTML文書
> まずは HTML の基本を学びましょう。
JavaScript はその次です！
>
>
>
> ### 表示結果
> まずは HTML の基本を学びましょう。　<
の場所で改行
> JavaScript はその次です！

● 特殊文字

　HTML のタグとあわせて、特殊文字も押さえておきましょう。特殊文字とは、HTML で特殊な記号を文字として出力するための表現です。例えば、「<」や「&」などは HTML で特別な役割を持っているため、そのままでは文字として出力できません。「&」の特殊文字は「&」で、「&」の次に特殊文字を表す文字列を記述し、最後に「;」を付けます。そのため「sample1-1.html」の次の記述は、「HTML&JavaScript は切っても切り離せません！」と出力されます。

● 特殊文字を含んだHTMLの要素

```
<p>HTML&amp;JavaScriptは切っても切り離せません！</p>
```

　なお、主な特殊文字としては次のようなものがあります。

● HTMLで使用できる主な特殊文字

記述方法	出力結果
&amp;	&
&quot;	"
&apos;	'
	半角スペース
&lt;	<
&gt;	>

3 練習問題

 正解は 324 ページ

問題 1-1 ★ ☆ ☆

HTML の説明として**間違っているものを 1 つ選びなさい。**

【解答群】

a：Web ページを記述するためのマークアップ言語である

b：複数のタグから構成される

c：Web サーバから Web ブラウザに対するレスポンスとして送信される

d：暗号化されたデータであり、人間が読むことができない

問題 1-2 ★ ☆ ☆

HTML の特殊文字のうち半角スペースを表す表現は次のどれか。1 つ選びなさい。

【解答群】

a：<

b：>

c：

d：&

✎ 問題 1-3 ★ ☆ ☆

JavaScript の説明として**間違っているものを 1 つ選びなさい。**

【解答群】

　a：主に Web アプリのクライアントサイドに用いる

　b：HTML に埋め込んで実行できる

　c：Java の派生言語である

　d：Web ブラウザによって挙動が異なることがある

2日目

JavaScript の基本

JavaScriptの基本を理解する

- HelloWorld から JavaScript の学習をはじめる
- オブジェクト指向について学ぶ
- 変数と演算について学ぶ

HelloWorld

- JavaScript を用いた簡単な HTML サンプルを作る
- HTML に JavaScript を埋め込む方法を学ぶ
- JavaScript の実行結果を検証する

JavaScript で HelloWorld

1 日目ではインターネットの基礎から HTML の記述方法について学びました。2 日目からいよいよ JavaScript の学習を進めていきましょう。

◎ サブフォルダーを作る

1 日目で作成した「sample1-1.html」は、「JavaScript」フォルダーの直下に置きました。今後の学習でファイルが増えていくため、章ごとにフォルダーを作って、HTML ファイルを管理することにしましょう。

VS Code で「JavaScript」フォルダーを開き、エクスプローラーを表示している状態で、左上の［新しいフォルダー］をクリックします。フォルダー名を入力できる状態になるので、「chapter2」という名前を付けます。

● サブフォルダーの作成

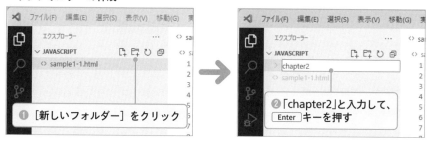

「JavaScript」フォルダーの直下に、「chapter2」フォルダーが追加されました。2 日目では、「chapter2」フォルダーに HTML ファイルを作成しましょう。

● サブフォルダーの完成

◉ サブフォルダーにHTMLファイルを追加

「chapter2」フォルダーに、HTML ファイルを追加しましょう。**作成した「chapter2」フォルダーが選択された状態で、さらに [新しいファイル] をクリック**し、「sample2-1. html」と入力して、Enter キーを押します。

● 「chapter2」フォルダーに「sample2-1.html」を追加

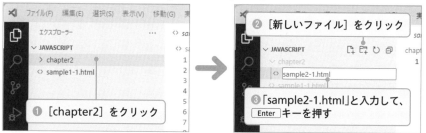

「chapter2」フォルダーに、「sample2-1.html」が追加され、入力可能な状態になります。

- 「sample2-1.html」が入力可能な状態に

◉ JavaScriptのHelloWorld

ではさっそく、HTML に JavaScript を埋め込んだ簡単なサンプルを入力・実行してみましょう。

sample2-1.html

```
01  <!DOCTYPE html>
02  <html>
03  <head>
04      <title>sample2-1</title>
05      <meta charset="UTF-8">
06  </head>
07  <body>
08      <h1>JavaScriptでHelloWorld</h1>
09      <script>
10          document.write("<p>HelloWorld.</p>");
11      </script>
12  </body>
13  </html>
```

43 ページと同様に、[sample2-1.html] を右クリックしてから [Open with Live Server] をクリックして、Web ブラウザで表示させてみましょう。

- 実行結果

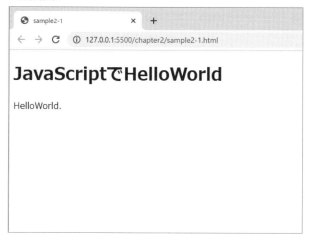

　実行すると「HelloWorld」と表示されます。この「HelloWorld」とは何でしょうか？実は多くのプログラミング言語の入門書では、最初に「HelloWorld」もしくは「Hello○○」という文字列を表示するプログラムを作る、ということが慣例なため、本書もならう形でスタートしてみました。

プログラムの解説

　さて、このプログラムは一体どのような仕組みになっているのでしょうか？　解説していくことにします。

◉ JavaScriptの埋め込み

　1日目で説明したとおり、JavaScript は HTML の中に埋め込むことが可能で、Webブラウザの JavaScript エンジンが JavaScript のプログラムを実行します。
　「sample2-1.html」には、**JavaScript を埋め込むための script タグを記述しています**。書式は次のとおりです。

- scriptタグ
```
<script>
JavaScriptの処理
</script>
```

◉ document.writeの処理

script タグに囲まれている「document.write」は JavaScript の処理で、<u>( ) に入れた文字列などの情報を Web ページに表示します</u>。書式は次のとおりです。

● document.writeの書式

```
document.write(表示したい情報);
```

ここでは、表示したい情報に該当するのが「<p>HelloWorld.</p>」という文字列です。JavaScript では、文字列を「"（ダブルクォーテーション）」もしくは「'（シングルクォーテーション）」で囲みます。そのため、( ) 内には「"<p>HelloWorld.</p>"」と記述しています。

また、**JavaScript では記述した処理の最後に「;（セミコロン）」を付けます。この記号は、処理がここで終了することを意味するため、付け忘れないようにしましょう。**

重要

- JavaScript では文字列を「"」もしくは「'」で囲む
- JavaScript では処理の最後に「;」を付ける

◉ プログラムの実行結果を検証する

では、このプログラムを実行することにより、一体何が起きているのでしょうか。Web ブラウザに表示されている実行結果は、次のような HTML 文書です。

● 「sample2-1.html」を実行して出力されたHTML文書

```
<html>
<head>
    <title>sample2-1</title>
    <meta charset="UTF-8">
</head>
<body>
    <h1>JavaScriptでHelloWorld</h1>
    <p>HelloWorld.</p>
</body>
</html>
```

<u><script> 〜 </script> の間の部分が HTML に置き換わっていることがわかります。</u>

● 「sample2-1.html」の処理結果のイメージ

```
<h1>JavaScriptでHelloWorld</h1>
<script>
    document.write("<p>HelloWorld.</p>");
</script>
```

> 出力結果がHTMLになる

```
<h1>JavaScriptでHelloWorld</h1>
<p>HelloWorld.</p>
```

Chrome の検証機能

　表示されている HTML の内容を Chrome の機能を使って、検証してみましょう。

　「sample2-1.html」の実行結果を表示している状態で、「HelloWorld」の部分を右クリックするとメニューが表示されます。メニューから［検証］を選択します。

● 指定箇所の検証

❶「HelloWorld」の部分を右クリックして、［検証］をクリック

　画面右側に、右クリックした部分が強調された状態で Web ページの HTML が表示されます。

- Webページに表示されたHTMLを表示

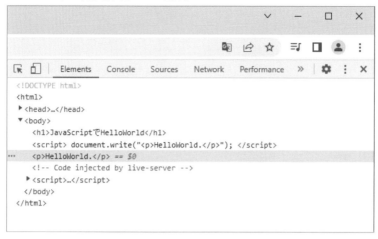

　<p>HelloWorld.</p> が強調されていることがわかります。さらに、上の行は次のように表示されています。

- 表示されたHTML（抜粋）

<script> document.write("<p>HelloWorld.</p>"); </script>

　これは、下の行が JavaScript のプログラムを実行した結果であることを示しています。**このように Chrome の検証ツールを使うことで、JavaScript によってどのような結果が得られるかを検証することができるのです。**

例題 2-1 ★ ☆ ☆

「chapter2」フォルダーに次の HTML ファイルを追加し、Chrome の検証を用いて9 行目の実行結果を検証しなさい。

検証後、9 行目の処理を JavaScript の「document.write」を用いて出力する形に変更し、再度 Chrome の検証を用いて変更箇所を検証し、JavaScript で出力されたことを確認しなさい。

example2-1.html（変更前）

```
01  <!DOCTYPE html>
02  <html>
03  <head>
04      <title>example2-1</title>
05      <meta charset="UTF-8">
06  </head>
07  <body>
08      <h1>例題1</h1>
09      <p>この行をJavaScriptで出力してください</p>
10  </body>
11  </html>
```

 解答例と解説

前述の HTML を入力して出力した場合、結果は次のようになります。

● 変更前のHTMLの表示

「この行を JavaScript で出力してください」の部分を右クリックして、［検証］をクリックすると次のような結果が得られます。

- 指定箇所の検証（変更前）

次に指定箇所を document.write を用いる形に変更します。変更したコードは次のとおりです。

example2-1.html（変更後）

```
01  <!DOCTYPE html>
02  <html>
03  <head>
04      <title>example2-1</title>
05      <meta charset="UTF-8">
06  </head>
07  <body>
08      <h1>例題1</h1>
09      <script>
10          document.write("<p>この行をJavaScriptで出力してください</p>");
11      </script>
12  </body>
13  </html>
```

JavaScript の処理は script タグの中に記述されています。実行結果は変更前のものと変わらないことを確認してください。

ただ、この状態で再び「この行を JavaScript で出力してください」の部分を検証すると、今度は次のような結果が得られます。

● 指定箇所の検証（変更後）

```
<!DOCTYPE html>
<html>
▶ <head>…</head>
▼ <body>
    <h1>例題1</h1>
    <script> document.write("<p>この行をJavaScriptで出力してください</p>");
    </script>
    <p>この行をJavaScriptで出力してください</p> == $0
    <!-- Code injected by live-server -->
  ▶ <script>…</script>
  </body>
</html>
```

検証結果からわかるとおり、変更後はこの部分が JavaScript によって出力されたことを確認できます。

なお、この方法は JavaScript のプログラムに誤りがあった場合に、誤った箇所を見つけるのにも利用できます。

入力したサンプルが思いどおりに動かない場合には、この方法を利用してみましょう。

重要

Chrome の検証機能を利用すると、JavaScript のプログラムの不具合を見つけるのが楽になります。

1-2 JavaScript のオブジェクト指向

- オブジェクト指向の考え方を理解する
- オブジェクトのメソッドとプロパティについて理解する

● オブジェクト指向

実行結果の検証ができたところで、「sample2-1.html」の JavaScript の中身を理解していくことにしましょう。そのためには、**オブジェクト指向**という考え方の理解が欠かせません。

◉ オブジェクト指向とは何か

オブジェクト指向の「オブジェクト（object）」とは、英語で「もの」や「物体」などを表す言葉で、システム（プログラム）を現実世界のものに置き換える考え方です。

例えば、私たちは自動車を運転する際、自動車内部の仕組みを理解する必要はありません。ただブレーキやアクセルなどの操作方法だけを知っていれば、それだけで自動車を運転することができます。つまり、「自動車」というオブジェクトは、動作させる仕組みがすでに内部に組み込まれており、それを利用するためには、仕組みを知る必要は一切なく、「アクセルを踏む」「ハンドルを切る」といった適切な操作をすればよいことになります。

重要

オブジェクト指向とは、システム（プログラム）を現実世界のものに置き換える考え方のことです。

◉ プロパティとメソッド

オブジェクトには、操作にあたる**メソッド（method）**と呼ばれる部分と、データにあたる**プロパティ（property）**があります。自動車の例でいえば、「発進する」「停止する」などがメソッドで、「スピード」「走行距離」などがプロパティです。

● **オブジェクト指向の考え方**

メソッド
・発進する
・停止する

プロパティ
・スピード
・走行距離

オブジェクトとメソッドの関係は、「車（オブジェクト）が走る（メソッド）」といったように主語と動詞の関係に該当します。つまり「○○が××する」という形で動作を記述します。同様にオブジェクトとプロパティの関係は、「自動車（オブジェクト）のスピード（プロパティ）」といった所有の関係に該当します。JavaScript では、この考え方を応用し、原則的に**オブジェクトのメソッドを実行したり、プロパティの値を参照したり、変更したりするプログラムを記述します**。

なお、オブジェクトが持つメソッドの処理を実行することを、メソッドを呼び出すといいます。

用語

メソッド（method）
オブジェクトの動作のこと
プロパティ（property）
オブジェクトが持つデータのこと

◎ JavaScriptにおけるオブジェクトの操作

JavaScript でオブジェクトを操作する際には、「オブジェクト名 .」のあとにメソッド名もしくはプロパティ名を付けます。例えば、メソッドを呼び出す場合は次のような書式です。

● **メソッドを呼び出す書式**

オブジェクト名.メソッド名(引数1, 引数2, ・・・);

（ ）内に記述された情報を**引数（ひきすう）**といい、メソッドが処理を行うために必要な情報です。必要とする引数の数や種類などはメソッドの種類によって異なりますが、複数存在する場合は引数を「,（カンマ）」で区切ります。

また、プロパティへのアクセスは次のように行います。プロパティが持つ情報を取得したり、変更したりすることが可能です。

● プロパティの書式
オブジェクト名.プロパティ名

用語

引数
メソッドが動作するために必要な情報のこと

document オブジェクト

「sample2-1.html」の処理をオブジェクト指向の視点から理解しましょう。

◉ documentオブジェクトの働き

前述のように JavaScript は、オブジェクトに対して何らかの指示をするプログラムを記述します。オブジェクトは自分で作ることもできますが、あらかじめ用意されたオブジェクトもあります。このあらかじめ用意されたオブジェクトは、<u>ビルトインオブジェクト</u>といいます。

「sample2-1.html」で用いた document オブジェクトは、ビルトインオブジェクトの1つで、<u>Web ブラウザに表示されている HTML 文書を操作するためのオブジェクトなのです</u>。

重要

document オブジェクトは、Web ブラウザ上の HTML 文書を操作するためのオブジェクトです。

◉ documentオブジェクトのメソッドと引数

「sample2-1.html」では、document オブジェクトの write メソッドを利用しています。write は「書く」という意味があり、「document.write」は「document が書く」という処理になります。しかし、ただ「書く」といわれても、一体何を書けばいいのかわかりません。「書く」内容を指定しているのが、（　）内の引数です。引数は "<p>HelloWorld.</p>" となっており、「document が <p>HelloWorld.</p> と書く」という意味になるわけです。

● オブジェクトとメソッドと引数

```
document.write("<p>HelloWorld.</p>");
```
オブジェクト　メソッド　　　　　引数

◉ documentオブジェクトのプロパティ

次のサンプルを入力・実行して、document オブジェクトのプロパティを取得してみましょう。

sample2-2.html

```
01  <!DOCTYPE html>
02  <html>
03  <head>
04      <title>sample2-2</title>
05      <meta charset="UTF-8">
06  </head>
07  <body>
08      <h1>HTMLのタイトルを取得</h1>
09      <p>
10      <script>
11          document.write(document.title);
12      </script>
13      </p>
14  </body>
15  </html>
```

● 実行結果

document.title は、document オブジェクトの title プロパティを表します。このプロパティは HTML のタイトル、つまり <title> ～ </tittle> で囲んだ文字列です。取得したタイトルの文字列は、document.write メソッドの引数として渡しているので、Web ページに表示されます。さらに script タグは p タグで囲まれているため、最終的には「<p>sample2-2</p>」という記述に置き換わります。

● document.titleプロパティの取得

```
                                    <!DOCTYPE html>
                                    <html>
                                    <head>
                                        <title>sample2-2</title>
                                        <meta charset="UTF-8">
                                    </head>
                                    <body>
                                        <h1>HTMLのタイトルを取得</h1>
                                        <p>
                                        <script>
                                            document.write(document.title);
    <p>sample2-2</p>                 </script>
                                        </p>
                                    </body>
                                    </html>
```

1-3 JavaScript をコンソールで実行する

POINT

- Chrome のコンソールで JavaScript の処理を実行する
- console オブジェクトを使う
- バグとデバッグの意味を理解する

● Chrome のコンソールを利用する

「sample2-1.html」と「sample2-2.html」で、HTML に JavaScript を埋め込んで実行する方法が理解できたかと思います。

　しかし、最初のうちは HTML を色々と入力する必要があるため、なかなか面倒です。そこで、純粋に JavaScript のプログラムのみ動かせるように、Chrome のコンソールを利用したいと思います。

◉ Chromeのコンソールとは何か

　Chrome のコンソールは、デベロッパーツール（開発者向けのツール）の１つで、**JavaScript をそのまま実行できる環境です**。これを使えばわざわざ HTML に処理を埋め込まなくても、簡単な処理であればその場で実行結果を確かめることができます。

◉ コンソールを表示する

　さっそく Chrome のデベロッパーツールを起動してみましょう。Chrome を起動して、画面右上の［ ：］をクリックします。表示されたメニューから［その他のツール］ー［デベロッパーツール］をクリックします。

● デベロッパーツールを表示する

❶［ ：］ー［その他のツール］ー ［デベロッパーツール］をクリック

Chromeの右側にデベロッパーツールが表示されます。この画面は「sample2-1.html」を検証したときにも表示されたものと同じです。実は、検証のときにもデベロッパーツールが立ち上がるのです。

● デベロッパーツール

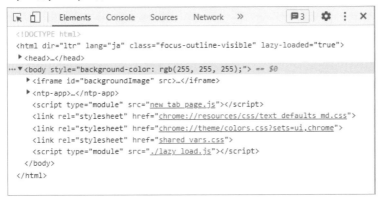

デベロッパーツールの［Console］をクリックすると、コンソールが表示されます。コンソールには「>」という記号が表示され、そのあとにあるカーソルが点滅しています。この部分にJavaScriptのプログラムを記述して Enter キーを押すと、実行することができます。

● コンソールを表示する

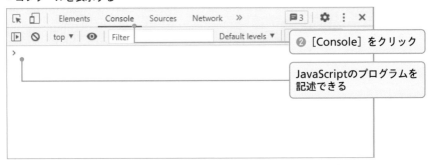

試しに、次のサンプルを入力・実行してみましょう。

sample2-3
```
01  console.log("HelloConsole.");
```

入力したあとに [Enter] キーを押して実行すると、次の行に「HelloConsole.」と出力されます。

● コンソールに結果が出力される

「sample2-1.html」のように、長々と HTML を記述しなくても、JavaScript のプログラムを実行でき、すぐに結果が得られるため大変便利です。そのため、最初のうちはコンソールを利用して、JavaScript の基本文法を学んでいくことにしましょう。

重要 Chrome のコンソールを利用すると JavaScript の学習が容易になります。

console オブジェクト

「sample2-1.html」では、document オブジェクトを用いましたが、「sample2-3」で用いたオブジェクトは console オブジェクトでした。このオブジェクトは一体どのようなオブジェクトなのでしょうか。

◉ consoleオブジェクトの働き

console オブジェクトは文字どおりコンソールに対する処理を行うためのオブジェクトで、プログラムを**デバッグ（debug）**する際に大変便利です。プログラム内の誤りのことを**バグ（bug）**といい、そのバグを修正することをデバッグといいます。

用語
バグ（bug）
プログラムの誤りのこと
デバッグ（debug）
プログラム内のバグを修正すること

実行したプログラムに文法的な誤りがある場合は、実行した際に**エラー（error)**が発生し、エラーメッセージが表示されます。例えば、次のプログラムは誤りがあるため、エラーメッセージが表示されます。

sample2-4
```
01 console.lg("HelloConsole.");
```

● エラーが発生した状態

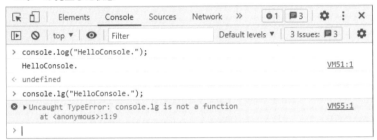

これは「log」と間違えて「lg」と入力してしまい発生したエラーです。console オブジェクトに lg というメソッドはないため、このようなエラーメッセージが表示されます。

「sample2-3」で使用した log メソッドは、ログを出力するためのメソッドです。ログ（log）は記録という意味があり、log メソッドを呼び出すことで、プログラムの動作記録をとることができるのです。log メソッドは、引数で渡した情報をログとして文字列を出力します。今回は「HelloConsole.」という文字列を渡したため、コンソールに「HelloConsole.」と表示されました。**出力対象が HTML ではなくコンソールなだけで、基本的な考え方は document オブジェクトの write メソッドと一緒です。**

◎ コンソールの表示を削除する

しばらくはこのコンソールを利用して、さまざまな処理を記述しながら JavaScript の文法を学習していきます。ただ、何行も JavaScript の処理を記述し続けると、コンソールが見にくくなってしまいます。そのときは、次のコードを実行するとコンソールの表示内容を削除することができます。

sample2-5
```
01 console.clear();
```

- コンソールがクリアされた状態

なお、**clear メソッドは引数を必要としないメソッド**です。このように、**引数を必要としないメソッドは、( ) の中に何も記述しません**。

注意 引数を必要としないメソッドは、引数を入れる ( ) の中に何も記述しません。

◎ JavaScriptのデータ型

JavaScript では、文字列に限らずさまざまな種類のデータを扱うことができます。

このようなデータの種類を**データ型**といいます。データ型は、**プリミティブ型**と**オブジェクト型**に分けることができます。文字列はプリミティブ型に該当します。なお、プリミティブ型には次の 7 種類があります。

- JavaScriptのプリミティブ型

名前	説明	例
数値	整数および浮動小数点数	10、-1、0.15、-13.6
長整数	数値型では扱えない範囲の非常に大きな整数。最後に「n」を付ける	9007199254740992n
文字列	「"」または「'」で全体を囲む	"Hello"、'World'
論理値	true（真）または false（偽）しか値がない型	true、false
undefined	未定義な値が存在することを示す特殊な型	
null	値が存在しないことを示す特殊な型	
シンボル	ユニークな値を生成する特殊な型	

✎ 例題 2-2 ★ ☆ ☆

次の値を Chrome のデベロッパーツールのコンソール上で、consol.log を用いて出力しなさい。

（1）19
（2）2.31

💡 解答例と解説

デベロッパーツールのコンソールで出力する値が数値の場合、( ) に直接その値を代入すれば出力できます。

（1）の答え

```
01 console.log(19);
```

（2）の答え

```
01 console.log(2.31);
```

 演算

- JavaScript でさまざまな演算を行う
- 演算子について理解する

演算

続いて、JavaScript で行える**演算（えんざん）**について学びます。演算とは、私たちが日常的に使う「計算」という言葉とほぼ同じです。特に私たちが日常的に行う数値の計算を**算術演算（さんじゅつえんざん）**といいます。まずは簡単な算術演算をJavaScript で行う方法を紹介しましょう。

◉ 加減乗除の計算

さっそくコンソールを利用して、次の加減乗除の演算を行ってみましょう。コンソールに複数行入力したい場合は、 Shift + Enter キーで改行できます。

sample2-6
```
01  console.log(5 + 3);
02  console.log(5 - 3);
```

- **実行結果**

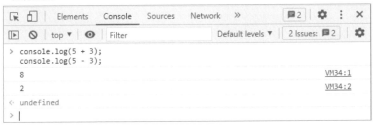

「5 + 3」と「5 - 3」の演算結果がそれぞれ得られます。console.log によって文字列や数値を表示してきましたが、このように演算結果を表示することも可能なのです。

◉ 演算子

演算には**演算子（えんざんし）**と呼ばれる記号を用います。加算を表す演算子「+」と減算を行う演算子「-」は、私たちが日常的に使っている算数の記号と同じですが、**乗算と除算は異なる記号を使うので注意が必要です。**

● JavaScriptの算術演算子

演算の種類	演算子	記述例
加算	+	5 + 3、1.2 + 4.3、10 + (-4)
減算	-	5 - 3、1.2 - 4.3、10 - (-4)
乗算	*	5 * 3、1.2 * 4.3、10 * (-4)
除算	/	5 / 3、1.2 / 4.3、10 / (-4)
剰余	%	5 % 3
べき乗	**	2**3

次は乗算・除算・剰余の計算をしてみましょう。

sample2-7

```
01  console.log(10 * 3);
02  console.log(10 / 3);
03  console.log(10 % 3);
```

● 実行結果

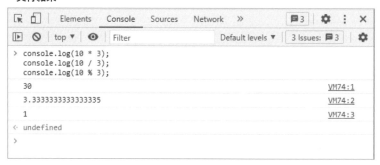

除算の「10 ÷ 3」は 3.3333…と小数点以下が無限に続きますが、表現できる桁数に限界があるため途中で計算が終了します。除算に限らず、小数点を含む演算は誤差が生じるケースが少なくないため注意しましょう。

◉ 演算子の優先順位

数学では乗算と除算は加算・減算に優先するというルールがありますが、これは JavaScript に関しても同じです。

例えば「1 + 2 * 3」は「2 * 3」を先に計算し（①）、「1」とその結果の「6」を足し「7」を得ます（②）。

また「(1 + 2) * 3」の場合、括弧内を先に計算し（①）、「3」とその結果の「3」を掛け「9」を得ます（②）。

● 演算子の優先順位

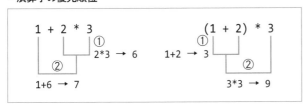

実際にコンソールで試してみましょう。まずは ( ) を使わない演算の例です。

sample2-8
```
01 console.log(1 + 2 * 3);
```

● 実行結果

7

実行結果からわかるとおり、乗算が除算に優先して演算処理がなされています。

続いて、( ) を用いた演算を行ってみましょう。

sample2-9
```
01 console.log((1 + 2) * 3);
```

● 実行結果

9

今度は ( ) 内の加算処理が先に実行されます。このことから、加算より乗算が優先され、( ) によって演算の順位が変わることがわかります。

> ⚠️ **注意**
> ・乗算と除算は加算と減算より優先順位が高い
> ・優先順位は ( ) で変えることができる

◉ 文字列の演算

文字列の演算というと非常に奇妙な感じがすると思いますが、まずは次のサンプルを実行してみてください。

sample2-10
```
01 console.log("ABC" + "DEF");
```

● 実行結果
ABCDEF

+ 演算子を数値同士で用いる場合、加算の意味になりますが、**文字列同士に用いると文字列を連結する働きがあります**。このサンプルでは「ABC」という文字列と「DEF」という文字列を結合させて、「ABCDEF」という文字列が得られたことがわかります。

● 文字列の連結

さらに、次のように文字列と数字を結合させることも可能です。

sample2-11
```
01 console.log("円周率は" + 3.14 + "です。");
```

● 実行結果
円周率は3.14です。

　このサンプルでは、「円周率は」という文字列と「3.14」という数値、そして「です。」という文字列が結合して1つの文字列を形成しています。このように、**文字列と数値を+演算子でつなげた場合、数値は文字列として扱われ、文字列の連結が行われます**。

● 文字列と数値の連結

重要

- ・2つの文字列を+演算子で連結し新たな文字列を得る
- ・文字列と数値も+演算子で連結し新たな文字列を得る

● エスケープシーケンス

　最後に、**エスケープシーケンス**という文字列に関連した重要なトピックを説明します。
　「"」で囲まれた文字列の中で文字として「"」を表示したい場合は、そのまま文字列の中に記述することはできません。こういった特殊な文字を表現する方法として、エスケープシーケンスがあります。
　例えば、通常「"」を文字列の中に含めることはできませんが、次のようにすると含めることができます。

sample2-12

```
01 console.log("\"エスケープシーケンス\"");
```

● 実行結果

```
"エスケープシーケンス"
```

　通常、「"」は文字列の開始と終了の記号として用いるため、文字列の中には含むことができません。しかし、「\」を利用するとそれが可能になります。エスケープシーケンスは、「\」と文字の組み合わせで作られます。「\"」は、「"」として出力されます。

エスケープシーケンスはこのほかにもたくさん存在します。代表的なものとして以下のようなものがあります。

● 代表的エスケープシーケンス

エスケープシーケンス	意味
\b	バックスペース
\t	水平タブ
\v	垂直タブ
\n	改行
\r	復帰
\f	改ページ
\'	シングルクォーテーション
\"	ダブルクォーテーション
\`	バッククォート
\\	バックスラッシュ
\0	NULL文字

　なお、環境によっては「\」が「¥（円マーク）」で表示される場合があります。

例題 2-3 ★ ☆ ☆

Chrome のデベロッパーツール上で、console.log を用いて次の計算結果を出力しなさい。

（1）5 + 2
（2）8 ÷ 4
（3）-4 × 2.7
（4）1.1 - 5.1 × 2.7
（5）(1.1 - 5.1) × 2.7

解答例と解説

console.log のあとの ( ) 内に式を書くと結果を得ることができます。ただし、乗算の演算子は *、除算の演算子は / に置き換える必要があるので注意が必要です。

答え

```
01  console.log(5 + 2);          ← (1)
02  console.log(8 / 4);          ← (2)
03  console.log(-4 * 2.7);       ← (3)
04  console.log(1.1 - 5.1 * 2.7);   ← (4)
05  console.log((1.1 - 5.1) * 2.7); ← (5)
```

● 実行結果
```
7
2
-10.8
-12.67
-10.799999999999999
```

（5）は理論上は「-4 × 2.7」と同じはずなので、「-10.8」となりそうですが、「-10.799999999999999」となっています。これはコンピュータが小数を扱う際の制約によるものです。JavaScript に限らずコンピュータで計算を行う際には、しばしばこういったことが起こるので注意が必要です。

1-5 変数

- 変数の概念を理解する
- 変数を用いて演算する

変数

次は**変数（へんすう）**の概念とその使い方について学習しましょう。**変数とは数値や文字列などさまざまな「値」を入れることができる器のようなものです。**変数には「num」や「name」など任意の英数字を組み合わせた名前を付けられます。

変数を利用するには変数の**宣言（せんげん）**が必要です。変数の宣言は次のようにして行います。

● 変数の宣言の書式
```
let 変数名;
```

例えば、a という名前の変数を使いたいときは、「let a;」と宣言することで利用可能になります。

● 変数の宣言

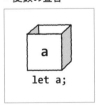

```
let a;
```

ただ、変数は宣言しただけでは中に何も入っておらず、このままでは使えません。そこで、ここに何らかの値を入れる必要があります。変数に値を入れることを**代入（だいにゅう）**といい、次のような書式です。

● 変数に値を代入する書式

　変数名 = 値;

　変数には、数値や文字列などさまざまな値を代入できます。例えば「a = 10;」とすると、変数 a は数値「10」として扱うことができます。

● 変数に値を代入

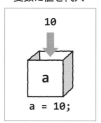

10

a

a = 10;

用語

代入（だいにゅう）
変数に値を入れること

　宣言されている変数であれば、値は数値や文字列など何でも構いません。**なお、変数は一度宣言してしまえば何度でも値を代入することができます。**
　次のサンプルを実行して、変数の宣言と代入を試してみましょう。

sample2-13

```
01  let a;
02  a = 10;
03  console.log(a);
```

● 実行結果

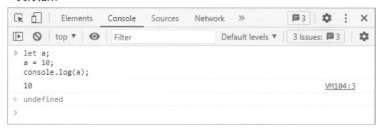

81

このサンプルでは、最初に変数 a を宣言し、そのあと数値 10 を代入し、最後に出力しています。その結果「10」という値が出力されます。

重要

変数は宣言することで利用できるようになり、一度宣言してしまえば何度でも値を代入できます。

◉ 変数名のルール

JavaScript の変数名は自由に付けることができますが、どんな名前でもよいというわけではありません。JavaScript の変数名の付け方には次のようなルールが存在します。

(1) 使用可能な文字は Unicode 文字、アンダーバー（_）、ドル記号（$）

先ほどの例では「a」という 1 文字の名前を付けた変数でしたが、このルールを満たすのであれば単語であっても構いません。

● 変数名の例

num、enter2023、group_id、$score

なお、漢字やひらがなも変数名に使えますが、読みやすいプログラムを書くためは避けたほうがよいです。**変数名はなるべく英数字とアンダーバー（_）、ドル記号（$）を組み合わせて付けるように心がけましょう。**

注意

変数名はなるべく英数字とアンダーバー（_）、ドル記号（$）の組み合わせにするように心がけましょう

(2) 大文字と小文字は区別される

変数名に使う大文字と小文字は区別されます。「name」「Name」「NAME」はそれぞれ違う変数だと判断されます。

(3) 変数名の最初に数字の使用禁止

変数名に数字を入れられますが、1 文字目にはできません。例えば「num0」という変数名は問題ありませんが、「0num」という変数名は使えません。

（4）予約語の使用禁止

　予約語（よやくご）とは、あらかじめ使用方法が決められている単語のことです。JavaScript の予約語は多数あるためここでは紹介しませんが、**すでに文法上別の役割が与えられている単語は予約語と思って間違いないでしょう。**

- JavaScriptの予約語の例（一部抜粋）

```
for、function、if、new、while
```

変数の値の変更

　次に変数の値を変更する処理について学んでみましょう。

　次のサンプルをコンソールで実行してみてください。

sample2-14

```
01  let a = 1;
02  console.log(a);
03  a = 10;
04  console.log(a);
05  a = "Hello";
06  console.log(a);
```

- 実行結果

```
1
10
Hello
```

　1 行目では変数 a を宣言すると同時に値を代入しています。

- 変数の宣言と代入

```
let a = 1;
```

　このように変数の宣言と値の代入を同時に行うことが可能です。

　さらに、この変数 a の値は 10、"Hello" とあとから値を変えています。初期値が数値の 1 なので、同じく数値である 10 が代入できるのはわかるとして、最後に文字列を代入しています。

　このように、**JavaScript の変数には型の異なる値を代入しても問題ありません。**

変数と演算

変数を使ってさまざまな演算をしてみましょう。
次のサンプルを実行してみてください。

sample2-15
```
01  let n1 = 5;
02  let n2 = 3;
03  let answer = n1 + n2;
04  console.log(answer);
```

● 実行結果
```
8
```

このサンプルでは、変数 n1 に数値 5、変数 n2 に数値 3 を代入したのち、「n1 + n2」の演算結果を変数 answer に代入し、最後に変数 answer を出力しています。このように、変数には演算の結果を代入することが可能です。

◎ 文字列の連結

変数を使って文字列を連結することも可能です。

sample2-16
```
01  let s1 = "Java";
02  let s2 = "Script";
03  let s = s1 + s2;
04  console.log(s);
```

● 実行結果
```
JavaScript
```

このサンプルでは、変数 s1 に「Java」、変数 s2 に「Script」の文字列を代入したのち、「s1 + s2」の演算結果を変数 s に代入し、最後に変数 s を出力しています。文字列の場合、+ 演算子は連結を意味するため、この 2 つの文字列を結合した「JavaScript」という文字列が得られます。

◉ 複合代入演算

次は変数を使ってこそできる演算を紹介します。まずは**複合代入演算（ふくごうだいにゅうえんざん）**を紹介します。

次のサンプルを実行してみてください。

sample2-17

```
01 let n = 5;
02 n = n + 2;
03 console.log(n);
```

● 実行結果

```
7
```

処理の流れを確認してみましょう。

● 「n = n + 2」の処理の内容

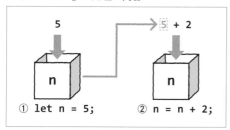

① `let n = 5;`　② `n = n + 2;`

ここでは、まず変数 n を宣言し初期値である 5 を代入しています（①）。

次に「n = n + 2;」という処理で、変数 n に数値 2 を足した結果を再び変数 n に代入しています。これにより変数 n の値に数値 2 を足した値、つまり数値 7 が変数 n に代入されます（②）。

つまり、変数 n の値が 2 増えたことがわかります。

実は、この演算は複合代入演算を用いて次のように書き換えることができます。

sample2-18

```
01 let n = 5;
02 n += 2;
03 console.log(n);
```

● 実行結果

```
7
```

「n += 2;」は、「n = n + 2;」と同じ意味で、「変数 n の値に 2 を足す」という意味です。同様に、「n -= 3;」とすると「変数 n から 3 を引く」という意味になります。

このように、代入と演算を同時に行う演算のことを**複合代入演算**といい、その際に用いる「+=」や「-=」といった演算子のことを**複合代入演算子**といいます。

JavaScript で数値の演算に用いることができる複合代入演算子には、以下のようなものがあります。

● 主な複合代入演算子

演算子	意味	使用例
+=	左辺と右辺の値を加算した結果を代入	n+=5;
-=	左辺から右辺の値を減算した結果を代入	n-=2;
*=	左辺と右辺の値を乗算した結果を代入	n*=3;
/=	左辺の値を右辺の値で除算した結果を代入	n/=4;
%=	左辺の値を右辺の値で除算し、その剰余を代入	n%=4;
**=	左辺の値を右辺の値でべき乗した結果を代入	n**=2;

なお、「+=」に関しては文字列の演算でも用いることができます。この場合、文字列に新しい文字列を追加することを意味します。

◉ インクリメントとデクリメント

変数に 1 を足す場合と 1 を引く場合、さらに次のように簡素化することができます。

sample2-19
```
01  let n = 5;
02  n++;
03  console.log(n);
```

● 実行結果

```
6
```

　「n++;」は「n = n + 1;」と同じ意味で、**変数 n に 1 を足す**という処理を意味します。このように、ある変数に 1 を足すという処理のことを**インクリメント（increment）**といいます。++ 演算子は、変数名の前・後ろどちらに書いても構いません。したがって、前述の処理は「++n;」と記述することも可能です。

　同様に「n--;」もしくは「--n;」とすると変数 n の値を 1 引くことができます。ある変数から 1 を引く処理を**デクリメント（decrement）**といいます。

◉ 定数と変数

　ここまで、変数の値を何度でも変更できると説明してきました。しかし、JavaScript にはあとから値を変更できない変数が存在します。

sample2-20

```
01  const num = 5;
02  console.log(num);
03  num = 10;
```

● 実行結果

　2 行目の処理で変数 num に数値 5 が代入されていることを確認できます。しかし、3 行目の「num = 10;」を実行しようとするとエラーになります。なぜエラーになるのでしょうか？　**理由は変数を宣言する際に「let」ではなく「const」を用いていることです**。「const」を使って宣言した変数は、宣言と同時に代入したあとに値を代入することができません。このようなあとから値を変更できない変数を**定数（ていすう）**といいます。

● 定数の定義
```
const 定数の名前 = 値;
```

● データ型の違いによる演算結果の違い

変数を扱う際は、変数に代入した値のデータ型に注意が必要です。

コンソールで次のサンプルを入力・実行してください。

sample2-21
```
01  let a = 1;
02  let b = 2;
03  console.log(a + b);
```

● 実行結果

3

変数 a には数値 1、変数 b には数値 2 が代入されているので、「a + b」で数値 3 を得られます。これは変数 a と変数 b の値が加算された結果です。

続いて、次のサンプルを実行してみてください。

sample2-22
```
01  a = "1";
02  b = "2";
03  console.log(a + b);
```

● 実行結果

12

変数 a に "1"、変数 b に "2" という文字列を再代入し、再び「a + b」の結果を出力しています。すると「12」と出力されました。この結果からわかるとおり、**たとえ中身が数字であっても、「"」もしくは「'」で囲まれた場合は文字列になります。**その結果、「a + b」の演算は文字列の結合の意味になるのです。

このように、**変数の中身によって演算の結果が変わることがあるので気を付けましょう。**

注意

数字も「"」もしくは「'」で囲めば文字列として扱われます。

文字列はオブジェクトのように扱える

文字列を使った演算については先ほど学びましたが、プリミティブ型である文字列には String というオブジェクトに自動的に変換する仕組みがあり、String オブジェクトのプロパティやメソッドを利用できます。ここでは String オブジェクトが持つメソッドやプロパティを説明します。

◉ Stringオブジェクトのメソッドを使ってみる

次のサンプルをコンソールで、入力・実行してみましょう。

sample2-23

```
01 let s = "Hello";
```

変数 s に「Hello」という文字列が代入されますが、**それと同時に変数 s は String オブジェクトであるかのように扱うことができます**。そのため変数 s に対し、String オブジェクトが持つメソッドを呼び出したり、プロパティへアクセスしたりすることが可能です。

まずは、簡単なメソッドを使ってみましょう。次のサンプルを入力・実行してください。

sample2-24

```
01 console.log(s.toUpperCase());
```

● 実行結果

```
HELLO
```

toUpperCase メソッドは、文字列内のアルファベットを大文字に変換するメソッドです。そのため「"Hello"」という文字列が「"HELLO"」という文字列に変換されます。変数 s は文字列ですが、一時的に String オブジェクトに変換され、String オブジェクトのメソッドを呼び出すことができるのです。

このほかにも String オブジェクトにはさまざまなメソッドがあるので、いくつか紹介しておきましょう。

• Stringオブジェクトの主なメソッド

メソッド名	内容	引数	戻り値
toUpperCase	アルファベットを大文字に変換する	なし	変換後の文字列
toLowerCase	アルファベットを小文字に変換する	なし	変換後の文字列
trim	文字列の両端の空白を削除	なし	変換後の文字列
charAt	文字列の指定した位置の1文字を返す	文字位置 (0からはじまる)	取得した文字

◉ Stringオブジェクトのプロパティを取得する

次に String オブジェクトのプロパティを取得してみましょう。String オブジェクトには <u>length</u> という文字列の長さを取得するためのプロパティが存在します。

次のサンプルを入力・実行してください。

sample2-25
```
01 console.log(s.length);
```

• 実行結果

5

"Hello" という文字列の長さは 5 なので、length プロパティの値は 5 となります。

例題 2-4 ★ ☆ ☆

次の処理を、同じ実行結果を得られる複合代入演算子を用いた処理に書き換えなさい。

example2-4（変更前）

```
01  let s = "Hello";
02  s = s + "Web";
03  console.log(s);
```

● 実行結果

```
HelloWeb
```

 解答例と解説

複合代入演算子を用いる部分は次の部分です。

● 変更が必要な部分

```
s = s + "Web";
```

次のような形に書き換えられます。

● 複合代入演算子を用いる

```
s += "Web";
```

書き換え後、全体は次のようなコードになります。

example2-4

```
01  let s = "Hello";
02  s += "Web";
03  console.log(s);
```

実行すると、変更前と同じ結果が得られるので確認してみましょう。

2 練習問題

📄 ▶ 正解は 325 ページ

 問題 2-1 ★ ☆ ☆

Chrome のコンソール上で、console.log を用いて次の演算結果を出力しなさい。

（1）1 + 3
（2）3 - 5
（3）5 × 2
（4）12 ÷ 4
（5）(1 + 5) × 0.5

 問題 2-2 ★ ☆ ☆

Chrome のコンソール上で、次の処理を実行しなさい。

（1）変数 a に数値 18 を代入する
（2）変数 b に数値 10 を代入する
（3）console.log を用いて、「a - b」の演算結果を表示する

問題 2-3 ★ ☆ ☆

Chrome のコンソール上で、次の処理を実行しなさい。

（1）変数 s1 に文字列「Hello」を代入する
（2）変数 s2 に文字列「Internet」を代入する
（3）console.log を用いて、変数 s1 と s2 を結合して表示する

 問題 2-4 ★ ☆ ☆

Chrome のコンソール上で、次の処理を実行しなさい。

（1）変数 s に文字列「プログラミング」を代入する
（2）console.log を用いて、変数 s の長さを表示する

M E M O

3日目

条件分岐／繰り返し処理

1 条件分岐

- 条件分岐の概念について理解する
- if 文、switch 文の使い方を理解する
- 複雑な条件分岐について理解する

1-1 if 文による条件分岐

POINT

- if 文の使い方を学ぶ
- 比較演算子について学ぶ

条件分岐とは

3日目ではより複雑な処理について学びます。まずは**条件分岐（じょうけんぶんき）**について学びます。

条件分岐とは、文字どおり条件によってプログラムの流れを分岐させる処理です。私たちの日常生活でも、「もし明日が雨ならば運動会は中止、そうでなければ開催」といったように、条件によって行動を変えることがあります。同様に、プログラムでも条件によって処理の流れを変えることができます。JavaScript では **if（イフ）文**と**switch（スイッチ）文**が用意されています。

if 文を用いた条件分岐

それでは、if 文を用いた条件分岐から説明していきます。「chapter2」フォルダーと同じように、「chapter3」フォルダーを作り、そこに次のファイルを作成し、実行してください。

sample3-1.html

```
01  <!DOCTYPE html>
02  <html>
03  <head>
04      <title>sample3-1</title>
05      <meta charset="UTF-8">
06  </head>
07  <body>
08      <h1>if文による条件分岐</h1>
09      <script>
10          /*
11              条件分岐のサンプル（1）
12              if文による条件分岐
13          */
14          let num = 100;
15          // 条件分岐
16          if(num >= 100){
17              document.write("<p>numは100以上</p>");
18          }
19      </script>
20  </body>
21  </html>
```

● 実行結果

◉ コメント

　if 文による条件分岐について説明する前に、初登場の**コメント（comment）**について説明します。

　プログラムの中に //、/* */ という記号と文章の組み合わせが出てきますが、これらはコメントといいます。コメントはプログラムに注釈を付けるためのもので、実行結果には何ら影響を与えません。なお、コメントには次のような種類があります。

- JavaScriptで用いられるコメントの種類

記述方法	名前	特徴
/* */	ブロックコメント	/*と、*/の間に囲まれた部分がコメントになる
//	行コメント	//よりあとの1行のみコメントになる

このサンプルでは 10 ～ 13 行目にブロックコメントが、15 行目に行コメントが記述されています。

重要

コメントはプログラムの注釈であり、プログラムの処理そのものには影響を与えません。

⊚ if文

16 ～ 18 行目に記述されているのが if 文です。**if 文はある条件が成り立つときだけ処理を行うための文**で、書式は次のとおりです。

- if文の書式

```
if(条件式){
    処理
}
```

このサンプルでの条件式は「num >= 100」で、「変数 num の値が 100 以上」という意味です。条件式の「>=」は**比較演算子（ひかくえんざんし）**といいます。比較演算子についてはのちほど説明します。

14 行目で変数 num の宣言と同時に 100 が代入されているため、この条件式は成立します。そのため、{ } 内に記述した処理が実行され、document.write により「num は 100 以上」と表示されます。

⊚ 条件式が成り立たない場合

では、条件式が成り立たない場合、どうなるのでしょうか？

14 行目を次のように変更し、わざと条件が成り立たないようにしてみましょう。

- 14行目の変更

```
let num = 1;
```

すると、次のような実行結果が得られます。

● 実行結果（num=1の場合）

見てわかるとおり、「num は 100 以上」という表示が消えてしまいました。**これは、変数 num の値が 1 になり、「num >= 100」の条件式が成立せず、{ } の中の処理が実行されなかったためです。**

以上のことから、if 文によって処理の流れを変えられることがわかります。

比較演算と bool 値

続いて、比較演算と bool 値について理解しましょう。

比較演算とは

if 文の ( ) に入れた「num >= 100」は、**比較演算（ひかくえんざん）**と呼ばれる演算の一種です。比較演算とは、式や値の比較を行って結果を真偽値（true または false）で返す演算です。この真偽値しかないデータ型を bool 型といいます。

bool 型
用語 値が true（真）と false（偽）しかない特殊なデータ型

if文とbool値

比較演算子を使った式は、演算結果が「正しい」場合、true（真）を返します。例えば、「num = 100」の場合、「num >= 100」は正しいため得られる値は true、反対に「num = 1」の場合、正しくないので false（偽）が返されます。

つまり、if 文は ( ) に入れた条件式の値が「true（真）」の場合は { } 内の処理を実行し、「false（偽）」の場合には実行しないという処理になるわけです。

- 「sample3-1.html」でのif文の処理のイメージ

num = 100の場合 — 条件式が「真（true）」 / 処理を実行

```
if(num >= 100){
    document.write("<p>numは100以上</p>");
}
```

num = 1の場合 — 条件式が「偽（false）」 / 実行されない

```
if(num >= 100){
    document.write("<p>numは100以上</p>");
}
```

◉ 比較演算の値を確認する

比較演算の結果、true や false といった bool 型の値が得られているのでしょうか？

それを確認するために、Chrome のデベロッパーツールのコンソールを用いて次のサンプルを実行してみましょう。

sample3-2

```
01  let num = 100;
02  console.log(num >= 100);
```

- 実行結果

```
true
```

「true」という結果が得られます。続いて次のサンプルを実行してみましょう。

sample3-3

```
01  num = 1;
02  console.log(num >= 100);
```

- 実行結果

```
false
```

「console.log(num >= 100);」の部分は一緒であるにもかかわらず、今度は「false」が得られました。これは、変数 num の値が 1 になったためです。

なお、コンソールで演算結果を確認する場合は、console.log メソッドを使わず、式を直接記述しても結果が得られます。

試しに、次の式をコンソールに入力し、実行してみてください。

sample3-4
```
01 num >= 100
```

● 実行結果
```
false
```

console.log メソッドを使わずに、演算結果が表示されたのではないでしょうか。

また、「sample3-2」を実行した直後に「sample3-3」を実行すると、「sample3-2」で変数 num を宣言して 1 を代入しているため、変数 num にアクセスできます。

◉ さまざまな比較演算子

比較演算に用いる演算子を**比較演算子(ひかくえんざんし)**といいます。「sample3-1.html」で用いた「>=」は、「左辺が右辺以上」であることを意味する比較演算子です。

主な比較演算子は次のとおりです。

● 主な比較演算子と使用例

使用例	意味	trueになる条件
a == b	等しい	aとbが等しい
a === b	等しい	aとbが厳密に等しい
a != b	等しくない	aとbは等しくない
a !== b	等しくない	aとbは厳密に等しくない
a < b	より小さい	aがbより小さい
a > b	より大きい	aがbより大きい
a <= b	以下	aがb以下
a >= b	以上	aがb以上

◉ == と ===の違い

比較演算子の表を見て、「==」と「===」はどう違うのか、疑問に思った方も多いと思います。

この違いを理解するため、次のサンプルを入力・実行してみてください。

sample3-5

```
01  1 == 1
```

● 実行結果

```
true
```

この比較演算では、左辺と右辺はどちらも「1」で等しいため、true が得られたことがわかります。

次の処理に関しても同様です。

sample3-6

```
01  1 === 1
```

● 実行結果

```
true
```

このような場合は、「==」と「===」は同じ働きをします。では、この2つの演算子はどのようなときに違いが出るのでしょう？　それを確認するために、次の2つのサンプルを実行・比較してみましょう。

sample3-7

```
01  1 == "1"
```

● 実行結果

```
true
```

sample3-8

```
01  1 === "1"
```

● 実行結果

```
false
```

右辺と左辺はどちらも 1 ですが、右辺は「"」で 1 を囲んでいるため、**左辺は数値、右辺は文字列です**。左辺と右辺のデータ型が異なる場合、**「==」では左辺と右辺を同じ型にしたうえで比較を行い、その結果が等しければ true、等しくなければ false を返します**。

これに対し、**「===」ではデータ型が同じかどうかも判断します**。つまり、左辺が数値、右辺が文字列で型が異なるため、値を比較せずに false を返したわけです。

同様な考え方は、左辺と右辺が等しくないかどうかを比較する「!=」演算子と「!==」演算子についても適用されます。

重要

- == 演算子と != 演算子は左辺と右辺のデータ型を統一したうえで値を比較する
- === 演算子と !== 演算子は値を比較する前にデータ型が違った場合に違う値だと判定する

if ～ else 文

if 文の基本的な使い方を学んだところで、次は応用について学びましょう。

◉ 条件が成立しなかった場合の処理

if 文を用いると、( ) 内に記述した条件式の結果が true、つまり「条件が成り立つ場合に実行する処理」を記述できます。if 文だけでは「条件が成り立たなかった場合に実行する処理」を記述することはできませんでしたが、**if ～ else 文を用いることで「条件が成り立たなかった場合に実行する処理」も記述できます**。

次のサンプルは「sample3-1.html」を変更し、条件が成り立たなかった場合の処理も記述しています。

sample3-9.html
```
01  <!DOCTYPE html>
02  <html>
03  <head>
04      <title>sample3-9</title>
05      <meta charset="UTF-8">
06  </head>
07  <body>
08      <h1>if文による条件分岐</h1>
```

```
09    <script>
10        /*
11            条件分岐のサンプル（2）
12            if～else文による条件分岐
13        */
14        let num = 100;
15        // 条件分岐
16        if(num >= 100){
17            document.write("<p>numは100以上</p>");
18        }else{
19            document.write("<p>numは100未満</p>");
20        }
21    </script>
22 </body>
23 </html>
```

● 実行結果①

　実行結果は「sample3-1.html」と変わりません。14行目の処理を次のように変えて、
if文の条件式を不成立にしてみましょう。

● if文の条件式の結果がfalseになるように変更する

```
let num = 1;
```

　すると、次のようになります。

- 実行結果②

「sample3-1.html」では、if 文の条件式が不成立の場合、何も表示されませんでしたが、「sample3-9.html」では表示されました。

if〜else文の書式

では一体なぜこのような結果になったのでしょうか？　それは if 〜 else 文の働きによるものです。

- if文〜else文の書式

```
if(条件式){
    処理①
}else{
    処理②
}
```

条件式が成立、つまり true であれば処理①、そうでない、つまり false であれば処理②が実行されます。このように、if 〜 else 文があれば条件式が false の場合に実行したい処理も記述することが可能です。

else if 文

3 つ以上の選択肢を持つ条件分岐は else if 文で記述できます。

else if文の書式

else if を用いた if 文全体の書式は次のとおりです。

- else if文の書式

```
if(条件式①){
    処理①
}else if(条件式②){
    処理②
}else{
    処理③
}
```

　最初の if 文で条件式①が true の場合、処理①が実行されます。ただし、条件式①が false かつ条件式②が true の場合、処理②が実行されます。条件式①、条件式②の両方が false の場合は、最後の else 文の処理が実行されます。

　これを表にすると次のようになります。

- 分岐の結果

条件式①	条件式②	実行される処理
true	-	処理①
false	true	処理②
false	false	処理③

　<u>なお、if 文と else 文は 1 つの条件分岐の中に 1 つしか記述できませんが、else if 文はいくつ記述しても構いません</u>。

if 文の中に else if 文はいくつも記述できます。

重要

◉ else if文のサンプル

　では実際に else if 文を用いた条件分岐を試してみましょう。

sample3-10.html

```
01  <!DOCTYPE html>
02  <html>
03  <head>
04      <title>sample3-10</title>
05      <meta charset="UTF-8">
06  </head>
07  <body>
08      <h1>if文による条件分岐</h1>
```

```
09     <script>
10         /*
11             条件分岐のサンプル（3）
12             if～else if～else文による条件分岐
13         */
14         let num = 100;
15         //  条件分岐
16         if(num > 0){
17             document.write("<p>numは0より大きい</p>");
18         }else if(num == 0){
19             document.write("<p>numは0</p>");
20         }else{
21             document.write("<p>numは0未満</p>");
22         }
23     </script>
24 </body>
25 </html>
```

● 実行結果①

sample3-10 ✕ +

← → C ① 127.0.0.1:5500/chapter3/sample3-10.html

if文による条件分岐

numは0より大きい

　実行結果からわかるとおり、「num は 0 より大きい」と出力されます。変数 num には数値 100 が代入されており、最初の if 文の条件である「num > 0」が満たされているためです。

　次に、14 行目を次のように変更してみてください。

● numの値を0にする

```
 let num = 0;
```

　最初の条件式は満たしませんが、2 つ目の条件式である「num == 0」を満たします。そのため、結果は次のようになります。

• 実行結果②

最後に、14行目を次のように変更してみてください。

• numの値を負の値にする

```
let num = -1;
```

この場合、if文、ならびにelse if文の条件式の値がいずれもfalseになります。そのため、最後のelse文の処理が実行され、出力結果は次のようになります。

• 実行結果③

「sample3-10.html」の処理内容を表にまとめると次のようになります。

• 「sample3-10.html」の条件の処理内容

numの値	num > 0	num == 0	出力される内容
100	true	false	numは0より大きい
0	false	true	numは0
-1	false	false	numは0未満

例題 3-1 ★ ☆ ☆

次の演算の結果を予想しなさい。

(1) 5 == "5"
(2) 5 === "5"
(3) 4 != "4"
(4) 4 !== "4"

3日目

条件分岐／繰り返し処理

解答例と解説

(1) true

== 演算子は左辺と右辺の数値をいったん同じ型としてから同じ値かどうかを比較します。そのため数値の 5 と文字列の "5" を等しいと認識し、true を返します。

(2) false

=== 演算子はデータ型が違えばそもそも違うものと判断します。そのため左辺が数値、右辺が文字列なので false を返します。

(3) false

!= 演算子は左辺と右辺の数値を同じ型に変換してから比較し、異なる値であれば true、同じ値であれば false を返します。そのため数値の 4 と文字列の "4" を等しいと認識し、false を返します。

(4) true

!== 演算子はデータ型が違えばそもそも違うものと判断します。そのため左辺が数値、右辺が文字列なので true を返します。

- switch 文の使い方を学ぶ
- フォールスルーについて理解する

switch 文

if 文が条件式によって処理を分岐させるのに対し、switch 文は変数や式などの値によって処理を分岐させます。

次のサンプルは switch 文のサンプルです。入力・実行してみてください。

sample3-11.html

```
01  <!DOCTYPE html>
02  <html>
03  <head>
04      <title>sample3-11</title>
05      <meta charset="UTF-8">
06  </head>
07  <body>
08      <h1>switch文による条件分岐</h1>
09      <script>
10          let n = 1;  //  この値を変えてみる
11          //  条件分岐
12          switch(n){
13              case 1:
14                  document.write("<p>ONE</p>");
15                  break;
16              case 2:
17                  document.write("<p>TWO</p>");
18                  break;
19              case 3:
20                  document.write("<p>THREE</p>");
21                  break;
22              default:
23                  document.write("<p>OTHER</p>");
24                  break;
25          }
```

```
26        </script>
27    </body>
28    </html>
```

● 実行結果①

次に、10行目を変更し、変数 n の値を 2、3 と変えてみてください。

● 実行結果②（n=2の場合）

● 実行結果③（n=3の場合）

なお、変数 n の値が 1、2、3 以外の場合、次のような結果になります。

● 実行結果④（n=1〜3以外の場合）

◉ switch文の書式

switch 文は ( ) 内の値で処理を分岐させます。書式は次のとおりです。

● switch文の書式

```
switch(変数もしくは式){
    case 値1:
        処理①
        break;
    case 値2:
        処理②
        break;
        ：
    default:
        処理③
        break;
}
```

switch 文の ( ) 内の値によって処理が変わります。**その値がどのような値かを判断するのが case です**。これにより値 1 の場合処理①、値 2 の場合処理②を実行します。

case はいくつあっても構いません。なお最後の「default」は、case のいずれの値にも該当しないケースに実行する処理を記述します。

なお、処理の最後には break を記述します。これは処理を終了して switch 文から抜けるために必要な処理です。

このサンプルでは、( ) に変数 n が入っているので、変数 n の値により処理が分岐します。変数 n が 1 なら「ONE」、2 なら「TWO」、3 なら「THREE」と表示されます。変数 n が 1 〜 3 以外の値の場合は「OTHER」と表示されます。

● switch文の働き

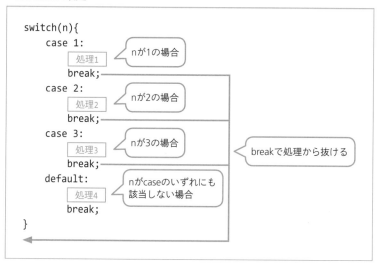

```
switch(n){
    case 1:
        処理1
        break;
    case 2:
        処理2
        break;
    case 3:
        処理3
        break;
    default:
        処理4
        break;
}
```

nが1の場合

nが2の場合

nが3の場合

nがcaseのいずれにも
該当しない場合

breakで処理から抜ける

◉ switch文のbreak文を忘れるとどうなるか

switch 文の各 case の処理の最後には break を忘れないようにしましょう。忘れてしまうとどうなるか、試しに次のサンプルを入力・実行してみてください。

sample3-12.html

```
01  <!DOCTYPE html>
02  <html>
03  <head>
04      <title>sample3-12</title>
05      <meta charset="UTF-8">
06  </head>
07  <body>
08      <h1>switch文による条件分岐</h1>
09      <script>
10          let n = 1;  // この値を変えてみる
11          // 条件分岐
12          switch(n){
13              case 1:
14                  document.write("<p>ONE</p>"); // breakがない
15              case 2:
16                  document.write("<p>TWO</p>");
17                  break;
18              case 3:
19                  document.write("<p>THREE</p>");
```

```
20                    break;
21              default:
22                  document.write("<p>OTHER</p>");
23                  break;
24          }
25      </script>
26  </body>
27  </html>
```

● 実行結果

このサンプルは「sample3-11.html」の「case 1」の break をわざと消したものです。break がないと、case 2 の処理まで実行されてしまっていることがわかります。

● フォールスルー

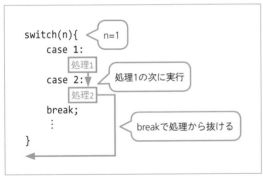

このように、break を省略すると次の case の処理が実行されます。これを**フォールスルー（fall through）**といいます。**一般的にフォールスルーはバグを作りやすいので、近年では使うことは好ましくないとされています。**

例題 3-2 ★ ★ ☆

「sample3-11.html」の switch 文に該当する部分を if 文を用いて書き換え、同じ条件処理を行えるようにしなさい。

 解答例と解説

switch 文の case に該当する部分は if と else if で記述できます。また、default に該当する部分は else で記述できます。

example3-2.html

```
01  <!DOCTYPE html>
02  <html>
03  <head>
04      <title>example3-2</title>
05      <meta charset="UTF-8">
06  </head>
07  <body>
08      <h1>switch文による条件分岐</h1>
09      <script>
10          let n = 1;  //  この値を変えてみる
11          //  条件分岐
12          if(n == 1){
13              document.write("<p>ONE</p>");
14          }else if(n == 2){
15              document.write("<p>TWO</p>");
16          }else if(n == 3){
17              document.write("<p>THREE</p>");
18          }else{
19              document.write("<p>OTHER</p>");
20          }
21      </script>
22  </body>
23  </html>
```

変数nの値の判断は==もしくは===を使用します（どちらを使っても構いません）。

1-3 複雑な条件分岐

- 複数の条件式を使った条件分岐について学ぶ
- if文のネストについて学ぶ

複数の条件

条件分岐の基本を理解したところで、次は複雑な条件分岐について学習しましょう。最初は複数の条件について学習します。

論理和による条件分岐

if文には複数の条件式を記述することができます。まずは論理和による条件分岐から学習しましょう。

sample3-13.html

```
01  <!DOCTYPE html>
02  <html>
03  <head>
04      <title>sample3-13</title>
05      <meta charset="UTF-8">
06  </head>
07  <body>
08      <h1>複数の条件（1）</h1>
09      <script>
10          let n1 = 1;
11          let n2 = 2;
12          document.write("<p>n1 = " + n1 + "</p>");
13          document.write("<p>n2 = " + n2 + "</p>");
14          if(n1 == 1 || n2 == 1){
15              document.write("<p>n1かn2のどちらかが1です</p>");
16          }else{
17              document.write("<p>n1もn2も1ではありません</p>");
18          }
19      </script>
20  </body>
21  </html>
```

● 実行結果①（どちらかがtrueの場合）

if文の条件の中に用いられている || は**論理和（ろんりわ）** と呼ばれる演算子です。英語では OR と呼ばれ、「～か、もしくは～」という意味になります。この演算子を用いると、複数の条件式のうち 1 つでも true になれば、true を返します。そのため、**複数の条件のうち 1 つでも条件が満たされていれば、条件が成り立つことになります。**

このサンプルでは、「n1 == 1 || n2 == 1」となっているので、日本語に訳すと「n1 が 1 か、もしくは n2 が 1」という条件になります。

● 論理和の処理

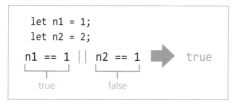

変数 n1 が 1、変数 n2 は 2 なので、この条件が満たされることになり、「n1 か n2 のどちらかが 1 です」と出力されます。

次に n1、n2 の値をどちらも 1 ではない値に変えてみましょう。すると、「n1 も n2 も 1 ではありません」と表示されます。

論理和の働きを表にまとめると次のようになります。

- 論理和の結果

n1の値	n2の値	n1==1	n2==1	n1==1 || n2==1
1	1	true	true	true
1	2	true	false	true
2	1	false	true	true
2	2	false	false	false

　この表からわかるとおり、論理和の結果が false になるのは両方の条件式が false のときだけです。

　試しに、10、11 行目を次のように変更してみましょう。

- 両方ともfalseとなるn1、n2の値

```
let n1 = 2;
let n2 = 2;
```

　この場合、「n1 == 1」と「n2 == 1」がどちらも false なので、結果として else の処理が実行されます。

- 実行結果②（両方ともfalseの場合）

◉ 論理積による条件分岐

　次は**論理積（ろんりせき）**を使った条件式を試してみましょう。次のサンプルを入力・実行してください。

sample3-14.html

```
01  <!DOCTYPE html>
02  <html>
03  <head>
04      <title>sample3-14</title>
05      <meta charset="UTF-8">
06  </head>
07  <body>
08      <h1>複数の条件（2）</h1>
09      <script>
10          let n1 = 1;
11          let n2 = 1;
12          document.write("<p>n1 = " + n1 + "</p>");
13          document.write("<p>n2 = " + n2 + "</p>");
14          if(n1 == 1 && n2 == 1){
15              document.write("<p>n1とn2はどちらも1です</p>");
16          }else{
17              document.write("<p>n1かn2のいずれかが1ではありません</p>");
18          }
19      </script>
20  </body>
21  </html>
```

● 実行結果①

　論理積は英語で AND といい、複数の条件が同時に成り立つかどうかを調べます。論理和が複数の条件のいずれかが成立するかを判定するのに対し、**論理積は「A かつ B」といったように複数の条件がすべて成立するかどうかを判定する**場合に用います。

119

● 論理積のイメージ

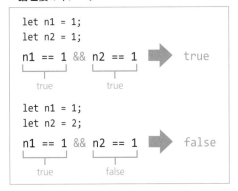

```
let n1 = 1;
let n2 = 1;
n1 == 1 && n2 == 1          true
  └─┬─┘    └─┬─┘
   true     true

let n1 = 1;
let n2 = 2;
n1 == 1 && n2 == 1          false
  └─┬─┘    └─┬─┘
   true     false
```

　論理積で用いる演算子は && で、このサンプルでは「n1 == 1 && n2 == 1」となっているため、日本語に訳すと「n1 が 1 であり、かつ n2 が 1」という条件になります。これを表で表すと次のようになります。

● 論理積の結果

n1の値	n2の値	n1==1	n2==1	n1==1 && n2==1
1	1	true	true	true
1	2	true	false	false
2	1	false	true	false
2	2	false	false	false

　表からわかるとおり変数 n1、変数 n2 のいずれかが 1 以外の値の場合、演算の結果が false になります。試しに、10、11 行目を次のように変更してみましょう。

● n1、n2のいずれかが1以外の場合

```
let n1 = 1;
let n2 = 2;
```

この場合、「n1==1」が true でも「n2==1」が false なので、結果として else の処理が実行されます。

● **実行結果②（両方ともfalseの場合）**

if文のネスト

複雑な条件分岐の最後の例として、if 文のネストを紹介します。ネストとは、「入れ子」という意味で、if 文のネストとは、if 文が入れ子、つまり if 文の中に if 文が入っている状態を指します。

sample3-15.html

```
01  <!DOCTYPE html>
02  <html>
03  <head>
04      <title>sample3-15</title>
05      <meta charset="UTF-8">
06  </head>
07  <body>
08      <h1>if文のネスト</h1>
09      <script>
10          let s1 = "Java";
11          let s2 = "Script";
12          document.write("<p>s1 = " + s1 + "</p>");
13          document.write("<p>s2 = " + s2 + "</p>");
14          if(s1 == "Java"){
15              if(s2 == "Script"){
16                  document.write("<p>JavaScript!</p>");
17              }
18          }
19      </script>
20  </body>
21  </html>
```

● 実行結果

if文のネスト

s1 = Java

s2 = Script

JavaScript!

　このサンプルでは、変数 s1 に文字列「Java」、変数 s2 に「Script」を代入しています。

　if 文のネストの最初の条件分岐は s1 が Java に等しいかを確認（①）しており、等しいので次の if 文に移行します（②）。

　その結果、「JavaScript!」という文字列が出力されます（③）。

● if文のネストの処理のイメージ

```
let s1 = "Java";
let s2 = "Script";
①
if(s1 == "Java"){          条件式が「真（true）」

    ②
    if(s2 == "Script"){    条件式が「真（true）」

        ③
        document.write("<p>JavaScript!</p>");
    }
}
```

例題 3-3 ★ ☆ ☆

if 文のネストを使わずに「sample3-15.html」と同じ処理を行うプログラムを作りなさい。

解答例と解説

「sample3-15.html」は、変数 s1 が「Java」、変数 s2 が「Script」の場合に「JavaScript!」と出力されます。そのため、論理積を用いて 2 つの条件が両方とも成り立つ場合に「JavaScript!」と出力するようにすれば完成です。

example3-3.html

```
01  <!DOCTYPE html>
02  <html>
03  <head>
04      <title>example3-3</title>
05      <meta charset="UTF-8">
06  </head>
07  <body>
08      <h1>if文のネストを論理積で書き換え</h1>
09      <script>
10          let s1 = "Java";
11          let s2 = "Script";
12          document.write("<p>s1 = " + s1 + "</p>");
13          document.write("<p>s2 = " + s2 + "</p>");
14          if(s1 == "Java" && s2 == "Script"){
15              document.write("<p>JavaScript!</p>");
16          }
17      </script>
18  </body>
19  </html>
```

3日目

条件分岐／繰り返し処理

2 繰り返し処理

- ▶ 繰り返し処理とは何かについて学ぶ
- ▶ while 文の使い方を学ぶ
- ▶ for 文の使い方を学ぶ

2-1 while 文による繰り返し処理

POINT

- while 文の使い方を学ぶ
- 無限ループについて理解する

繰り返し処理

　3日目の最後の学習内容として、繰り返し処理について学びます。

　繰り返し処理とは、「ある条件が満たされている間、指定された処理を繰り返す」処理を指す言葉で、別名**ループ処理**もしくは単に**ループ**ともいいます。

　JavaScript では、繰り返し処理は while 文を用いる方法と、for 文を用いる方法に分けられます。まずは while 文を使った繰り返しについて学びます。

while 文を使った繰り返し

　次のサンプルは while 文を用いた簡単な繰り返し処理のサンプルです。入力・実行してみてください。

sample3-16.html

```
01  <!DOCTYPE html>
02  <html>
03  <head>
04      <title>sample3-16</title>
05      <meta charset="UTF-8">
06  </head>
07  <body>
08      <h1>while文のサンプル（1）</h1>
09      <script>
10          let i = 0;
11          //  while文による繰り返し
12          while(i < 3){
13              document.write("<p>I love JavaScript!</p>");
14              i++;
15          }
16      </script>
17  </body>
18  </html>
```

● 実行結果

実行すると、「I love JavaScript!」という文字列が3回表示されます。

◎ while文の書式

while 文の書式は次のとおりです。

● while文の書式

```
while(条件式){
  処理
}
```

while文は、条件式が満たされる、つまりtrueの場合、{ }内に記述された処理を繰り返します。

条件式の考え方はif文の場合と同様です。違いは、if文の場合、条件を満たした場合、指定した処理を実行するのに対し、while文は条件式が満たされる間、処理を実行し続けるという点にあります。

while文では、条件式がtrueの間処理を実行し続けます。

重要

◉ プログラムの解説

このサンプルでは、変数iの値が3未満の間、「I love JavaScript!」という文字列を出力する処理を繰り返しています。

最初、変数iの値は0（①）なので、while文の中の条件が満たされ（②）、{ }内の処理が実行されます（③）。{ }内では、「I love JavaScript!」という文字列を出力し、さらに変数iに1を足しています。そして処理はwhile文の先頭に戻ります（④）。

● サンプル内のwhile文の処理（1~3回目）

```
                    ①i = 0

        let i = 0;
                        ②条件を満たす
④先頭に戻る
        while(i < 3){
            document.write("<p>I love JavaScript!</p>");
            i++;
        }
                ③処理が実行される（iが1に）
```

2回目の処理では、変数iの値は1で条件が満たされるため、{ }内の処理が実行されます。この結果、変数iの値は2になります。3回目の処理も同様に変数iの値は2で条件が満たされるため（⑤）、{ }内の処理が実行されます。この結果、変数iの値は3になります（⑥）。しかし、そのあとは「i < 3」の条件が満たされないため（⑦）、{ }内の処理は実行されずループは終了します（⑧）。

● サンプル内のwhile文の処理（ループの終了）

● ループの流れを変える

次はループの流れを変える方法について説明します。ループの流れを変える処理には、break 文と continue 文が存在します。

● break文

まずは break 文の処理について学習しましょう。

sample3-17.html

```
01  <!DOCTYPE html>
02  <html>
03  <head>
04      <title>sample3-17</title>
05      <meta charset="UTF-8">
06  </head>
07  <body>
08      <h1>while文のサンプル（2）</h1>
09      <script>
10          let i = 0;
11          // while文による繰り返し
12          while(i < 3){
13              document.write("<p>I love JavaScript!</p>");
14              i++;
15              // iが2のときループから抜ける
16              if(i == 2){
17                  break;
18              }
```

```
19        }
20      </script>
21   </body>
22   </html>
```

● 実行結果

このサンプルは「sample3-16.html」に 15 〜 18 行目の処理を追加しています。「sample3-16.html」では「I love JavaScript!」が 3 回表示されましたが、ここでは 2 回しか表示されません。**これはループから強制的に抜ける break 文によるものです。**変数 i が 2 の場合、break 文でループから抜けるため、2 回しか実行されずに処理が終了するのです。

● breakでループから抜ける

```
while(i < 3){
    document.write("<p>I love JavaScript!</p>");
    i++;
    //  iが2のときループから抜ける
    if(i == 2){
        break;
    }
}
```

ループから抜ける

break 文を使うとループから抜けることができます。

重要

◉ continue文

続いて、continue 文の処理について説明します。

sample3-18.html

```
01  <!DOCTYPE html>
02  <html>
03  <head>
04      <title>sample3-18</title>
05      <meta charset="UTF-8">
06  </head>
07  <body>
08      <h1>while文のサンプル（3）</h1>
09      <script>
10          let i = 0;
11          //  while文による繰り返し
12          while(i < 5){
13              i++;
14              //  iが2のときループの先頭に戻る
15              if(i == 2){
16                  continue;
17              }
18              document.write("<p>" + i + "</p>");
19          }
20      </script>
21  </body>
22  </html>
```

● 実行結果

このサンプルでは、変数 i の初期値に 0 を代入し、while ループの中で変数 i に 1 を足してからその値を表示しています。繰り返し処理の条件が「i < 5」なので、1 から 5 までの値が表示されるはずです。ところが、実行結果を見ると「2」が表示されていません。**これは 15 ～ 17 行目の処理によるもので、変数 i が 2 の場合、continue でループの先頭に戻ります**。そのため、その次の document.write の処理が実行されないため、「2」の場合には数値が表示されないのです。

● continueの処理

```
while(i < 5){
    i++;
    //  iが2のときループの先頭に戻る
    if(i == 2){
        continue;
    }
    document.write("<p>" + i + "</p>");
}
```

ループの先頭に戻る

重要

continue 文を使うとループの先頭に戻ります。

◎ 無限ループ

繰り返し処理で気を付けなくてはならないのが**無限ループ**です。無限ループとは、文字どおり無限に繰り返されるループのことで、終わりがありません。次のサンプルは無限ループになります。

sample3-19.html

```
01  <!DOCTYPE html>
02  <html>
03  <head>
04      <title>sample3-19</title>
05      <meta charset="UTF-8">
06  </head>
07  <body>
08      <h1>while文のサンプル（4）</h1>
09      <script>
10          let i = 0;
```

```
11          //　無限ループ
12          while(true){
13              document.write("<p>Impress</p>");
14          }
15      </script>
16 </body>
17 </html>
```

　while ループの中で「Impress」という文字列を表示しようとしていますが、実行すると何も表示されません。

　while ループの条件式が「true」になっており、**while ループが無限に繰り返されてしまい、いつまでたっても処理が終了しません**。そのため、**処理を終了させるには、この HTML を表示しているタブを閉じて、強制的に終了させるしか方法はありません**。

　このように繰り返しの条件を誤ってしまうと、無限ループが発生してしまうため注意が必要です。

2-2 for 文による繰り返し処理

POINT

- for 文の使い方を学ぶ
- さまざまな for 文の記述方法を試す

● for 文を使った繰り返し

　繰り返し処理を記述するためには while 文だけではなく for 文も利用できます。
さっそく、サンプルをとおして for 文の使い方を学んでいきましょう。

sample3-20.html

```
01 <!DOCTYPE html>
02 <html>
03 <head>
04     <title>sample3-20</title>
05     <meta charset="UTF-8">
06 </head>
```

```
07  <body>
08      <h1>for文のサンプル</h1>
09      <script>
10          for(let i = 0; i < 4; i++){
11              document.write("<p>" + i + "</p>");
12          }
13      </script>
14  </body>
15  </html>
```

● 実行結果

　実行結果を見ると、for文の{ }に囲まれた部分が4回実行されたことがわかります。しかも変数iが、0から3まで1ずつ増加しています。

◉ for文の書式

　for文の書式は次のとおりです。

● for文の書式

```
for(初期化処理; 条件式; 増分処理){
    処理
}
```

　最初に初期化処理を実行し、そのあと条件式を満たす間、{ }内の処理を実行します。処理が終わるごとに増分処理を実行します。
　サンプルのfor文の処理内容を1つずつ確認していきましょう。

①初期化処理

初期化処理は for 文の処理の最初に、**一度だけ実行されます**。このサンプルでは「i = 0」となっているので、**変数 i の値は 0 からはじまります**。

● 初期化処理

```
①初期化処理
for(let i = 0; i < 4; i++){     iに0を代入
    処理
}
```

②条件判定

次の条件式は、処理が実行できるかどうかを確かめます。if 文で使う条件式と同じようなものです。このサンプルでは「i < 4」が条件式で、条件を満たしている間、**次の { } 内にある処理の実行に移ります**。ループの 1 回目は、変数 i が 0 なので true となり、{ } 内に進みます。条件を満たさない場合、ループ処理は終了（⑤）します。

● 条件判定

```
②条件判定
for(let i = 0; i < 4; i++){     iは0なので条件を満たす
    処理
}
```

③処理の実行

{ } 内の処理を実行したあと、再びループの先頭に戻ります。

● 処理の実行

```
③処理の実行
for(let i = 0; i < 4; i++){
    処理
}
```

3日目

④増分処理

　増分処理は、**{ }内の処理を実行したあとに行われます**。サンプルでは「i++」が増分処理で、**変数 i の値を 1 増やすインクリメントであることを意味します**。このあと、再び②の条件判定に戻り、条件が満たされていれば処理を実行する……という流れを繰り返していきます。

- 増分処理

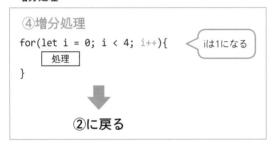

⑤ループ処理の終了

　変数 i が 4 以上となり、「i < 4」を満たさない状態になるとループ処理は終了します。

- forループの終了

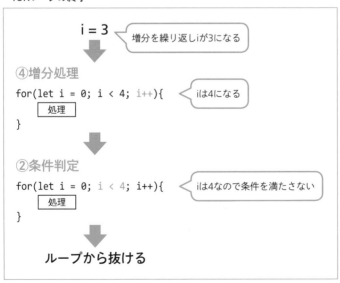

まとめると、サンプルの for 文は「i = 0」からはじめ、変数 i を 1 つずつ増加させ、変数 i が 3 以下ならば { } 内の処理を実行、変数 i が 3 より大きい場合はループから抜けるという流れです。

さまざまなfor文の記述方法

次に、for 文のさまざまな記述方法を見てみましょう。サンプルの 2 行目を次のようにさまざまな値に変えて違いを確認してみましょう。

- for文の記述方法

記述例	iの変化	説明
for(let i = 0; i < 5; i++)	0 1 2 3 4	変数の値を0からはじめ、変数が5より小さい間は1ずつ増やし、5以上になると終了
for(let i = -2; i <= 2; i++)	-2 -1 0 1 2	変数の値を-2からはじめ、変数が2以下の間は1ずつ増やし、2より大きくなると終了
for(let i = 0; i < 10; i+=2)	0 2 4 6 8	変数の値を0からはじめ、変数が10より小さい間は2ずつ増やし、10以上になると終了
for(let i = 5; i >= 1; i--)	5 4 3 2 1	変数の値を5からはじめ、変数が1以上の間は1ずつ減らし、1より小さくなると終了
for(let i = 2; i >= -2; i--)	2 1 0 -1 -2	変数の値を2からはじめ、変数が-2以上の間は1ずつ減らし、-2より小さくなると終了
for(let i = 12; i > 0; i-=3)	12 9 6 3	変数の値を12からはじめ、変数が0より大きい間は3ずつ減らし、0以下になると終了

例題 3-4 ★ ★ ☆

for 文を用いて、0 以上 10 以下の奇数をすべて表示しなさい。

解答例と解説

まず for ループで変数 n を 0 から 10 まで 1 つずつ増やしていくループを作ります。そして、その数を 2 で割り、余りが 1 であれば奇数であるとみなしてその値を表示します。

example3-4.html
```
01 <!DOCTYPE html>
02 <html>
03 <head>
04     <title>example3-4</title>
05     <meta charset="UTF-8">
06 </head>
07 <body>
08     <h1>10以下の奇数を表示</h1>
09     <script>
10         for(let n = 0; n <= 10; n++){
11             //  2で割って余りが1なら奇数
12             if(n%2 == 1){
13                 document.write("<p>" + n + "</p>");
14             }
15         }
16     </script>
17 </body>
18 </html>
```

● 実行結果

練習問題

 正解は 327 ページ

問題 3-1 ★☆☆

「sample3-9.html」(103 ページ)と同じ処理を行うプログラムを作りなさい。この際、
変数 n には 1 を代入し、if 文の条件は「変数 num が 100 未満」となるようにしなさい。
　なお、ファイル名は「prob3-1.html」とすること。

問題 3-2 ★☆☆

次のサンプルの条件分岐を if 文ではなく switch 文で行うように書き換えなさい。

prob3-2.html（変更前）

```
01  <!DOCTYPE html>
02  <html>
03  <head>
04      <title>prob3-2</title>
05      <meta charset="UTF-8">
06  </head>
07  <body>
08      <h1>数値による条件分岐</h1>
09      <script>
10          let num = 1;
11          // 条件分岐
12          if(num == 1){
13              document.write("<p>numは1です。</p>");
14          }else if(num == 2){
15              document.write("<p>numは2です。</p>");
```

```
16        }else if(num == 3){
17            document.write("<p>numは3です。</p>");
18        }else{
19            document.write("<p>numは1,2,3以外の数です。</p>");
20        }
21    </script>
22 </body>
23 </html>
```

 問題 3-3 ★ ☆ ☆

次のサンプルを for 文ではなく while 文を使ったプログラムに書き換えなさい。

prob3-3.html（変更前）

```
01 <!DOCTYPE html>
02 <html>
03 <head>
04    <title>prob3-3</title>
05    <meta charset="UTF-8">
06 </head>
07 <body>
08    <h1>繰り返し処理</h1>
09    <script>
10        for(let num = 1; num <= 5; num++){
11            document.write("<p>"+num+"</p>");
12        }
13    </script>
14 </body>
15 </html>
```

 問題 3-4 ★ ★ ☆

　Chrome のコンソール上で、西暦 1900 年から西暦 2100 年までの間のうるう年をすべて表示する処理を記述しなさい。うるう年の定義は以下のものとする。

- 4 で割り切れる数であること
- 100 で割り切れる年はうるう年としないが、そのうち 400 で割り切れる年はうるう年とする

- 出力される年の一覧

```
1904 1908 1912 1916 1920 1924 1928 1932 1936 1940
1944 1948 1952 1956 1960 1964 1968 1972 1976 1980
1984 1988 1992 1996 2000 2004 2008 2012 2016 2020
2024 2028 2032 2036 2040 2044 2048 2052 2056 2060
2064 2068 2072 2076 2080 2084 2088 2092 2096
```

 問題 3-5 ★ ★ ★

　Chrome のコンソール上で、100 以下の素数をすべて表示する処理を記述しなさい。なお、素数とは 1 とその数以外には約数を持たない数のことである。

- 出力される100以下の素数の一覧

```
2 3 5 7 11 13 17 19 23 29 31 37 41 43 47 53 59 61 67 71 73 79 83 89 97
```

4日目

コレクション

HTMLのリンクと テーブル

- ◉ HTMLでハイパーリンクを記述する方法を学習する
- ◉ HTMLでリストとテーブルを作る方法を学習する

-1 HTML のリンクとテーブル

- HTML でハイパーリンクを記述する
- HTML でリストを記述する
- HTML でテーブルを記述する

● ハイパーリンク

JavaScript で HTML 文書を操作するために、再び HTML の学習に戻ります。

まずは、HTML でハイパーリンク(以降、リンク)を記述する方法について説明します。リンクはほかの Web ページへ遷移するための重要な要素なのでしっかり学習しましょう。

◉ リンクのサンプル

「chapter4」フォルダーを作ったうえで、次のサンプルを入力・実行してみましょう。

sample4-1.html

```
01  <!DOCTYPE html>
02  <html>
03  <head>
04      <title>sample4-1</title>
05      <meta charset="UTF-8">
06  </head>
07  <body>
```

```
08      <h1>リンクのサンプル</h1>
09      <!-- 外部サイト（インプレス）へのリンク -->
10      <p>外部サイト<a href="https://www.impress.co.jp/">インプレス</a>へ
        のリンク</p>
11      </body>
12      </html>
```

● 実行結果

　結果からわかるとおり、このページにはリンクが埋め込まれています。「インプレス」の部分をクリックすると、インプレス社の Web ページにジャンプします。

● インプレス社のWebページ

143

◉ リンクの書式

リンクは**aタグ**を使って書きます。aタグの基本的な書式は次のとおりです。

● aタグの書式

```
<a href="リンク先のURL">～</a>
       └──────┘
     開始タグの中にリンク先情報
```

リンク先は「https://www.impress.co.jp/」といったURLだけではなく、「○○.html」といったファイル名を入れても構いません。

重要　リンク先の記述方法は、URLだけではなくファイル名にもできます。

● リスト

　3日目では、条件分岐と繰り返し処理を学ぶことにより、少し複雑な処理について学ぶことができました。4日目では、より高度なプログラミングを行うために、コレクションについて学びます。それに先立ち、関連の深いHTMLに関する知識をさらに増やしていきましょう。まずは**リスト（箇条書き）**について説明します。

　次のサンプルを入力・実行してみてましょう。

sample4-2.html

```
01 <!DOCTYPE html>
02 <html>
03 <head>
04     <title>sample4-2</title>
05     <meta charset="UTF-8">
06 </head>
07 <body>
08     <h1>リストのサンプル</h1>
09     <h2>番号のないリスト</h2>
10     <!-- ulによる箇条書き -->
11     <ul>
12         <li>1つ目の項目</li>
13         <li>2つ目の項目</li>
14         <li>3つ目の項目</li>
```

```
15      </ul>
16      <hr>
17      <h2>番号のあるリスト</h2>
18      <!-- olによる箇条書き -->
19      <ol>
20          <li>1つ目の項目</li>
21          <li>2つ目の項目</li>
22          <li>3つ目の項目</li>
23      </ol>
24      <hr>
25  </body>
26  </html>
```

● 実行結果

HTML では ul、ol、li の 3 つのタグを使ってリスト（箇条書き）を作ることができます。

◉ リストの記述方法

リストは ul と li のセット、または ol と li のセットを使います。**ul タグは番号なし、ol タグは番号ありのリストを作るときに利用します。**

例えば ul タグの場合、<ul> ～ </ul> の間にリストの項目を 1 つずつ li タグで囲んで記述します。li タグは何回使っても構いません。リストの項目数分だけ増やしましょう。

- リストの記述方法（ulタグの場合）

　番号が付くか付かないかの違いで、考え方は ol タグでも一緒です。ol タグの場合は先頭から自動的に 1、2、3…といった具合に番号が割り振られます。

　なお、ul は Unordered List（順序のない箇条書き）の略、ol は Ordered List（順序ありの箇条書き）の略です。

- リストの記述方法（olタグの場合）

◉ HTMLのコメント

　JavaScript のコメントと同様に、HTML でもコメントを作れます。記述方法がJavaScript とは異なるので注意が必要です。

　HTML のコメントは次のように「<!--」～「-->」の間に記述します。

- HTMLのコメントの書式①

```
<!-- コメント -->
```

　さらに次のように複数行に分けて記述することも可能です。

- HTMLのコメントの書式②

```
<!--
  コメント
-->
```

コメントに記述されたものは出力されず、HTML 文書に注釈を記述するときに利用します。

⦿ hrタグ

また、「sample4-2.html」には、もう 1 つ新しいタグとして hr タグを利用しています。hr とは「horizontal rule（水平方向の罫線）」の略で、水平の横線を引くためのタグです。段落の区切りなどに利用します。

● テーブル

テーブルとは表のことです。横 1 列のデータのことを**行（レコード）**といい、1 つのデータのかたまりを意味します。縦 1 列のデータを**列（カラム）**、また個々のマスを**セル**と呼び、セルに値を入れていきます。

● テーブルの構造

名前	性別	年齢	住所
山田太郎	男	18	東京都
佐藤花子	女	16	大阪府
鈴木次郎	男	17	愛知県

←行（レコード）　←セル　列（カラム）

テーブルを作るのに必要なタグは次のとおりです。テーブルは、これらのタグを組み合わせて作ります。

● テーブルを作るのに必要なタグの一覧

タグ	役割
table	表（テーブル）を作る
tr	行（レコード）を構成する
th	セルの要素であり、表の見出しを意味する
td	データを入れるセルを作る

では、実際に HTML でテーブルを作ってみましょう。次のサンプルを入力・実行してみてください。

sample4-3.html

```
01  <!DOCTYPE html>
02  <html>
03  <head>
04      <title>sample4-3</title>
05      <meta charset="UTF-8">
06  </head>
07  <body>
08      <h1>簡単なテーブルのサンプル</h1>
09      <!-- 簡単なテーブル -->
10      <table border="1" style="border-collapse:collapse">
11          <tr>
12              <th>名前</th><th>性別</th><th>年齢</th><th>住所</th>
13          </tr>
14          <tr>
15              <td>山田太郎</td><td>男</td><td>18</td><td>東京都</td>
16          </tr>
17          <tr>
18              <td>佐藤花子</td><td>女</td><td>16</td><td>大阪府</td>
19          </tr>
20          <tr>
21              <td>鈴木次郎</td><td>男</td><td>17</td><td>愛知県</td>
22          </tr>
23      </table>
24  </body>
25  </html>
```

　このサンプルを Web ブラウザで実行すると、147 ページで説明した表と同じものが表示されます。

● 実行結果

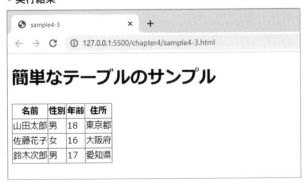

◉ テーブルの基本構成

基本となるテーブルの構成方法は非常に簡単です。**<table> 〜 </table> の中に行を表す <tr> 〜 </tr> を入れ、さらに行の中にセルを表す <th> 〜 </th> もしくはしくは <td> 〜 </td> を入れます**。セルのタグはどちらを使っても構いませんが、一般に th タグは見出し、td タグは内容を記述するのに使用します。このサンプルは名簿なので、1 行目で th タグを使って各カラムの内容を説明し、それ以降は td タグで中身を記述しています。

また**セルは、各行に列数分だけ記述します。数が合わないとテーブルの形が崩れてしまうので、気を付けましょう**。

注意

- tr タグはレコード数だけ、table タグの中に入れる
- セル数はレコードごとに必要な数を記述する

◉ テーブルのデザイン設定

table タグには、属性を付けて形を整えることができます。

border 属性は、テーブルの枠線の太さを表します。**「border="1"」とすることで、太さを 1 ピクセルとしています**。

また、style 属性では境界線の色などを設定できます。ここでは「style="border-collapse:collapse"」とすることで、枠線を 1 本の線に指定しています。style 属性にはさまざまな設定があるので、興味がある方は Web サイトやほかの書籍を参照するなどして調べてみてください。

このほかにも、tr タグや td、th タグにも属性を付けて表のデザインを変更できます。

重要

テーブルのタグに属性を付けると、表のデザインを変更できます。

2 コレクション

- 配列について理解する
- 連想配列の使用方法を学ぶ

2-1 配列

POINT

- コレクションとは何か
- 配列と通常の変数の違いを学ぶ
- 配列のさまざまな操作を学ぶ

コレクションとは

JavaScript に戻り、コレクションについて学びましょう。**コレクション（Collection）** とは、大量のデータを保管・管理する仕組みのことで、さまざまな種類が存在します。ここでは**配列（Array）**、連想配列という 2 種類のコレクションについて説明します。

配列

まずは配列です。配列はコレクションの中でも最も使用頻度が高いといえます。

今までは変数を使うとき、1 つの変数には 1 つの値しか代入することができませんでした。しかし、配列を使うと大量のデータを 1 つの変数名で管理できます。

配列に入れた個々のデータ（値）は**要素**といい、要素を管理する際は**添え字（そえじ）** という数字を使います。添え字は 0 からはじまり、1、2……と増えていきます。また、配列の中のデータの数を**配列の長さ**といいます。

例えば、配列の中に 3 つのデータが入っている場合、配列の長さは 3 です。そして配列の長さが 3 の場合、添え字は 0、1、2 です。

用語

要素

配列に入れた個々のデータ（値）

添え字

配列の要素に振られた番号

配列の長さ

配列の要素の数

注意

配列の添え字は 0 からはじまります。

◉ 配列の宣言

変数と同様に、配列も宣言してから使用します。配列の初期化は次のようにして行います。

● 配列の宣言と初期化

```
let 変数名 = [値1,値2,値3,…,値n];
```

配列の変数名の先頭に「let」を付け、そのあと [ ] 内に「,」で区切って値を代入していきます。

◉ 配列の生成と内容の確認

まず、コンソールを使って配列を作ってみることにしましょう。次のサンプルを入力・実行してみてください。

sample4-4

```
01 let animals = ["dog", "cat", "bird"];
```

これにより、長さ 3 の配列が生成されます。ただ、これだけですと値が代入されているかどうかがわかりません。

配列の要素を取得するためには「変数名 [添え字]」の形式で記述します。実際に配列 animals から値を取得してみましょう。

● 配列のイメージ

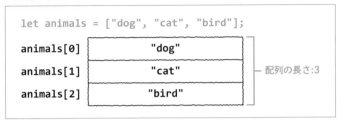

sample4-5
```
01 console.log(animals[0]);
```

● 実行結果

dog

　配列 animals の長さは 3 なので、同様にして animals[1]、animals[2] でそれぞれの要素を取得できます。入力・実行してみましょう。

sample4-6
```
01 console.log(animals[1]);
02 console.log(animals[2]);
```

● 実行結果

cat
bird

　次のようにすると、配列の中身をすべて確認することもできます。

sample4-7
```
01 console.log(animals);
```

● 実行結果

['dog', 'cat', 'bird']

　また、配列の長さは「配列名 .length」で取得できます。

sample4-8
```
01  console.log(animals.length);
```

● 実行結果
```
3
```

　配列はオブジェクトの一種であり、プロパティを持ちます。そのうち length プロパティで、配列の長さを取得できます。

配列の操作

配列にはさまざまな操作ができます。次にさまざまな操作を学んでいきましょう。

配列の値の変更

　配列の要素を変更するには、配列の各要素に値を直接代入します。

　次のサンプルを実行すると、animals[2] が "bird" から "lion" に変わります。

sample4-9
```
01  animals[2] = "lion";
02  console.log(animals);
```

● 実行結果
```
['dog', 'cat', 'lion']
```

● 配列の値の変更

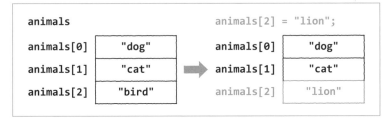

◉ 末尾に要素を追加する

配列もオブジェクトなのでメソッドが用意されており、配列にあとから要素を追加するときは、メソッドを使います。追加する方法として、末尾に追加する方法と、先頭に追加する方法があります。配列の末尾に要素を追加するには、**push メソッド**を利用します。追加したい要素を push メソッドの引数として渡します。次のサンプルを実行すると、配列 animals の末尾に「tiger」という要素が追加されます。

sample4-10
```
01  animals.push("tiger");
02  console.log(animals);
```

● 実行結果
```
['dog', 'cat', 'lion', 'tiger']
```

● 配列の末尾に要素を追加

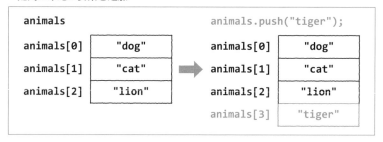

◉ 先頭に要素を追加する

配列の先頭に要素を追加するのに用いるのが **unshift メソッド**です。

次のサンプルを実行すると、配列 animals の先頭に "elephant" が追加されます。

sample4-11
```
01  animals.unshift("elephant");
02  console.log(animals);
```

● 実行結果
```
['elephant', 'dog', 'cat', 'lion', 'tiger']
```

先頭に「elephant」が追加されていることがわかります。先頭に要素を追加すると、もとの要素は添え字が 1 ずつ増えます。

● 配列の先頭に要素を追加

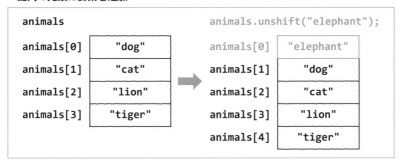

◉ 末尾の要素を削除する

　次に、配列の要素を削除する方法を説明します。まず末尾の要素を削除する方法を説明しましょう。配列の末尾の要素を削除するには **pop メソッド**を利用します。次のサンプルを実行すると、配列 animals の最後の要素が削除されます。

sample4-12
```
01  animals.pop();
02  console.log(animals);
```

● 実行結果
```
['elephapnt', 'dog', 'cat', 'lion']
```

　実行結果から、末尾にあった「tiger」が削除されたことがわかります。

● 配列の末尾の要素を削除

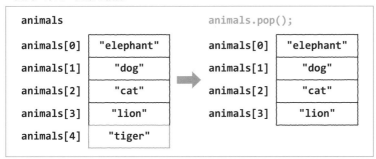

◉ 先頭の要素を削除する

配列の先頭の要素を削除する場合は、**shift メソッド**を用います。次のサンプルを実行すると、配列 animals の先頭の要素が削除されます。

sample4-13

```
01  animals.shift();
02  console.log(animals);
```

● 実行結果

```
['dog', 'cat', 'lion']
```

実行結果から、先頭にあった「elephant」が削除されたことがわかります。

● 配列の先頭の要素を削除

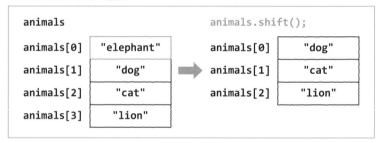

配列と HTML の組み合わせ

配列の仕組みがわかったところで、HTML と組み合わせてみましょう。次の HTML ファイルを入力・実行してください。

sample4-14.html

```
01  <!DOCTYPE html>
02  <html>
03  <head>
04      <title>sample4-14</title>
05      <meta charset="UTF-8">
06  </head>
07  <body>
08      <h1>人気のフルーツ一覧</h1>
```

```
09    <ul>
10       <script>
11          let fruits = ["りんご", "もも", "バナナ"];
12          for(let i = 0; i < fruits.length; i++){
13             document.write("<li>" + fruits[i] + "</li>");
14          }
15       </script>
16    </ul>
17  </body>
18  </html>
```

● 実行結果

　配列 fruits に入っている文字列をリストとして出力しています。JavaScript は、
<ul> から </ul> の間に埋め込んでいます。中では <li> と </li> の間に配列 fruits の i
番目の値が入ります。この配列の要素は3つなので、fruits.length は3になり、for
ループは3回繰り返されます。**変数 i の値は for 文で 0、1、2 と変化し、fruits[i]
も fruits[0]、fruits[1]、fruits[2] と変化します**。その結果、上から順に「りんご」「も
も」「バナナ」というリストが表示されます。

● 処理のイメージ

```
document.write("<li>" + fruits[0] + "</li>");         <ul>
document.write("<li>" + fruits[1] + "</li>");            <li>りんご</li>
document.write("<li>" + fruits[2] + "</li>");            <li>もも</li>
                                                         <li>バナナ</li>
                                                      </ul>
```

for文による繰り返し処理

生成されたHTML

● 多次元配列

次は、配列を用いて表を作ってみましょう。

次のサンプルは、多次元配列を用いて表を作ったものです。

sample4-15.html

```
01  <!DOCTYPE html>
02  <html>
03  <head>
04      <title>sample4-15</title>
05      <meta charset="UTF-8">
06  </head>
07  <body>
08      <h1>社員データ</h1>
09      <table border="1" style="border-collapse:collapse">
10          <tr>
11              <th>名前</th><th>年齢</th><th>出身地</th>
12          </tr>
13          <script>
14              let staff = [
15                  ["佐藤", 41, "東京"],
16                  ["鈴木", 25, "大阪"],
17                  ["林", 34, "札幌"]
18              ];
19              for(let i = 0; i < staff.length; i++){
20                  document.write("<tr>");
21                  for(let j = 0; j < staff[i].length; j++){
22                      document.write("<td>" + staff[i][j] + "</td>");
23                  }
24                  document.write("</tr>");
25              }
26          </script>
27      </table>
28  </body>
29  </html>
```

● 実行結果

「sample4-15.html」を実行して作成されたテーブル部分のタグは、次のような形になっています。

● 作成されたテーブルの構造

```
<table border="1" style="border-collapse:collapse">
    <tr>
        <th>名前</th><th>年齢</th><th>出身地</th>
    </tr>
    <tr>
        <td>佐藤</td><td>41</td><td>東京</td>
    </tr>
    <tr>
        <td>鈴木</td><td>25</td><td>大阪</td>
    </tr>
    <tr>
        <td>林</td><td>34</td><td>札幌</td>
    </tr>
</table>
```

では一体、なぜこのような出力結果が得られたのでしょうか？ それを理解するために、まず多次元配列から理解していきましょう。

◉ 多次元配列

先ほど説明した配列は、1次元のデータしか扱うことができませんでした。これに対し、2次元、3次元のデータを扱うことができる配列のことを**多次元配列（たじげんはいれつ）**といいます。多次元配列は、配列の中に配列が入った入れ子構造です。「sample4-15.html」では、テーブルのデータを2次元のデータとして扱っているため、

2 次元配列といいます。

　配列 staff には、[" 佐藤 ", 41, " 東京 "]、[" 鈴木 ", 25, " 大阪 "]、[" 林 ", 34, " 札幌 "] という 3 つの配列が入っています。staff[0] が [" 佐藤 ", 41, " 東京 "]、staff[1] が [" 鈴木 ", 25, " 大阪 "]、staff[2] が [" 林 ", 34, " 札幌 "] です。

● 2次元配列のイメージ①

```
    let staff = [
0       ["佐藤", 41, "東京"],    ──→    staff[0]
1       ["鈴木", 25, "大阪"],    ──→    staff[1]
2       ["林", 34, "札幌"]       ──→    staff[2]
    ];
```

配列の中に配列を入れることにより多次元配列が実現できます。

重要

　次に、配列の中に入った配列から要素を取得します。staff[0] を例に説明しましょう。
　staff[0] は長さ 3 の配列で、先頭から 0、1、2 と添え字が付いています。つまり、最初の文字列「佐藤」は配列 staff[0][0]、数値「41」は staff[0][1]、最後の文字列「大阪」は staff[0][2] となります。
　このように、1 つの配列の中にさまざまな型の異なる値を入れることが可能です。

● 2次元配列のイメージ②

1 つの配列にさまざまな型の異なる値を入れることができます。

重要

　1 つ目の添え字を変数 i、2 つ目の添え字を変数 j とすると、2 次元配列の個々の値は staff[i][j] で取得できます。2 次元配列の添え字の関係を表すと、次のようにまとめられます。

● 2次元配列のイメージ③

◉ for文の2重ループと2次元配列

　この2次元配列を表に展開するために用いられているのが<u>for文の2重ループ</u>です。for文の2重ループはfor文の中にfor文が入った状態、つまりfor文が入れ子（ネスト）になった状態です。このサンプルではテーブルのセルをfor文の2重ループで、1つずつ出力しています。

　外側の変数 i が行、内側の変数 j が列を表しています。行数は staff.length（=3）で得られ、i 行目の列数は staff[i].length（=3）で得られます。これにより変数 i、変数 j は、どちらも 0、1、2 と変化していきます。

● forの2重ループのイメージ①

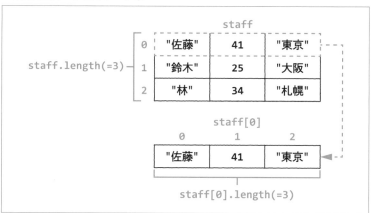

　外側の変数 i のループは、テーブルの <tr> を出力して、内側の変数 j のループで <td> ～ </td> に囲まれた staff[i][j] の値を出力し、変数 j のループのを抜けると </tr> を出力します。

● forの2重ループのイメージ②

```
for(let i = 0; i < staff.length; i++){
    document.write("<tr>");
    i回目の内側のループ
    document.write("</tr>");
}
```

→

```
<tr>
    1回目の内側のループの出力結果
</tr>
<tr>
    2回目の内側のループの出力結果
</tr>
<tr>
    3回目の内側のループの出力結果
</tr>
```

内側の j のループでは、<td> ～ </td> で囲まれた j 列目の値を出力します。例えば、i=0 の場合、staff[0][0]、staff[0][1]、staff[0][2] が出力されます。

● forの2重ループのイメージ③

```
for(let j = 0; j < staff[i].length; j++){
    document.write("<td>" + staff[i][j] + "</td>");
}

<tr>
    <td>佐藤</td><td>41</td><td>東京</td>    ← i=0の場合
</tr>
    staff[0][0] staff[0][1] staff[0][2]
```

以上のような流れにより、前述のテーブルが完成するのです。

● for ～ of 文

これまで配列の中身を出力するために、for 文を用いてきました。実は for 文には、配列からの値の取得に特化した for ～ of 文というものが存在します。

for ～ of 文の書式は次のとおりです。

● for～of文の書式

```
for(変数 of 配列){
    処理
}
```

配列の中身を先頭から1つずつ取得し、変数に代入し、そのたびごとに処理を実行します。これを配列の最後まで繰り返し、処理を終了します。

では、for 〜 of 文を用いて「sample4-14.html」を次のように変更してみましょう。

sample4-16.html

```
01  <!DOCTYPE html>
02  <html>
03  <head>
04      <title>sample4-16</title>
05      <meta charset="UTF-8">
06  </head>
07  <body>
08      <h1>人気のフルーツ一覧</h1>
09      <ul>
10          <script>
11              let fruits = ["りんご", "もも", "バナナ"];
12              for(let name of fruits){
13                  document.write("<li>" + name + "</li>");
14              }
15          </script>
16      </ul>
17  </body>
18  </html>
```

変数 fruits の値が、for 〜 of 文の中で定義されている変数 name の中に順次読み出されて出力されます。

● for〜of文の処理のイメージ

```
let fruits = ["りんご", "もも", "バナナ"];
                    ↓
for(let name of fruits){  <  "りんご"、"もも"、"バナナ"の順にnameに代入される
    ⋮
}
```

実行結果は、「sample4-14.html」と同じなので省略します。

例題 4-1 ★ ☆ ☆

次のような実行結果が得られるように、0〜5の数字とそれに該当する英単語の表を、テーブルを用いて作りなさい。

なお、数字と英単語を対応させるためには配列を用いること。

● 期待される実行結果

　解答例と解説

添え字が0なら「zero」、1なら「one」…となる配列 numbers を作ります。最初の行以外は for ループで添え字 i と、配列の i 番目の値を行として出力します。

example4-1.html

```
01  <!DOCTYPE html>
02  <html>
03  <head>
04      <title>example4-1</title>
05      <meta charset="UTF-8">
06  </head>
07  <body>
08      <h1>数字を英語で表現する</h1>
09      <table border="1" style="border-collapse:collapse">
10          <tr>
11              <th>数字</th><th>英語</th>
```

164

```
12          </tr>
13          <script>
14              let numbers = ["zero", "one", "two", "three", "four",
        "five"];
15              for(let i = 0; i < numbers.length; i++){
16                  document.write("<tr>");
17                  document.write("<td>" + i + "</td>");
18                  document.write("<td>" + numbers[i] + "</td>");
19                  document.write("</tr>");
20              }
21          </script>
22      </table>
23  </body>
24  </html>
```

 例題 4-2 ★ ★ ☆

「sample4-15.html」の for 文を for 〜 of 文に置き換えなさい。

 解答例と解説

変更結果は次のようになります。

example4-2.html
```
01  <!DOCTYPE html>
02  <html>
03  <head>
04      <title>example4-2</title>
05      <meta charset="UTF-8">
06  </head>
07  <body>
08      <h1>社員データ</h1>
09      <table border="1" style="border-collapse:collapse">
10          <tr>
11              <th>名前</th><th>年齢</th><th>出身地</th>
12          </tr>
13          <script>
14              const staff = [
15                  ["佐藤", 41, "東京"],
```

165

```
16          ["鈴木", 25, "大阪"],
17          ["林", 34, "札幌"]
18        ];
19        for(let line of staff){
20            document.write("<tr>");
21            for(let elem of line){
22                document.write("<td>" + elem + "</td>");
23            }
24            document.write("</tr>");
25        }
26      </script>
27    </table>
28  </body>
29  </html>
```

　実行結果として得られる表は「sample4-15.html」と同じなので省略します。まず、2次元配列 staff の各値を for 〜 of 文を用いて取得します。取得した値は変数 line に代入されます。変数 line もまた配列なので再び for 〜 of 文を用いて値を取得します。その値は変数 elem に代入されて出力されます。

連想配列

POINT

- 連想配列の概念を理解する
- 連想配列とループを組み合わせる

● 連想配列

配列に続き、コレクションの1つである連想配列について学んでいきましょう。

ここまで説明してきた配列は、添え字と呼ばれる0からはじまる番号で要素を管理するものでした。ここでは添え字ではなく、**キー**と呼ばれる値で要素を管理する**連想配列（れんそうはいれつ）**と呼ばれる配列について説明します。

例えば、キーとして「apple」を指定すると「りんご」、「banana」を指定すると「バナナ」といったように要素を得られる配列が連想配列に該当します。

これに対し、今までのように添え字で管理する配列のことを**添え字配列**といいます。

- 連想配列のイメージ

◉ 連想配列の定義方法

JavaScriptの連想配列は次の方法で定義可能です。

- 連想配列の定義と値へのアクセス

```
let 変数名 = {キー名1:値1, キー名2:値2, キー名3:値3, …};
```

連想配列は、**必ずキーと要素の組み合わせである必要があります**。キーの値は、文字列や数値などさまざまな値にできます。定義された連想配列から要素へアクセスするには次のように記述します。

- 連想配列の各要素へのアクセス①
  変数名 . キー名

また、次のように表現することも可能です。

- 連想配列の各要素へのアクセス②
  変数名["キー名"]

これにより、指定したキーに対する要素を取得することができます。また、さらに値を代入することで、要素の値そのものを変えることも可能です。

重要

連想配列へのアクセス方法は、「変数名 . キー名」とする方法と、「変数名 [" キー名 "]」とする方法があります。

◉ 実際に連想配列を作ってみる

ではさっそく、配列の場合と同様に再びコンソールで簡単な連想配列を作ってみましょう。

sample4-17
```
01  let dict = {apple:"りんご", banana:"バナナ", orange:"オレンジ"};
```

このサンプルでは、キーは英単語、要素はその日本語の意味を組み合わせています。英和辞書のようなものをイメージすればよいでしょう。

● 連想配列の生成

```
let dict = {apple:"りんご", banana:"バナナ", orange:"オレンジ"};
```

さて、この辞書の各要素の値を確認してみることにしましょう。例えば、キーがappleの場合の値を取得するには次のようにします。

sample4-18
```
01 console.log(dict.apple);
```

● 実行結果
　りんご

　変数名が「dict」、キー名が「apple」であることから、値「りんご」が得られました。なお、この処理は次のように記述することも可能です。

sample4-19
```
01 console.log(dict["apple"]);
```

● 実行結果
　りんご

　連想配列全体の内容は次の方法で確認できます。

sample4-20
```
01 console.log(dict);
```

● 実行結果
　{apple: 'りんご', banana: 'バナナ', orange: 'オレンジ'}

◉ 連想配列の内容を変更する

次に、連想配列の内容を変更してみましょう。次のサンプルを入力・実行してみてください。

sample4-21
```
01  dict.apple = "林檎";
02  console.log(dict);
```

● 実行結果
```
{apple: '林檎', banana: 'バナナ', orange: 'オレンジ'}
```

● 連想配列の値の変更

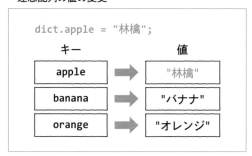

キー apple に対する値は「りんご」から「林檎」に変わりました。なお、この処理は「dict["apple"] = "林檎";」と記述しても構いません。

◉ 新しいキーと値を追加する

次に、dict に新しいキーと値の組み合わせを入れてみましょう。

次のサンプルは「grape」というキーに対し、「ぶどう」という値の組み合わせを設定しています。

sample4-22
```
01  dict.grape = "ぶどう";
02  console.log(dict);
```

● 実行結果
```
{apple: '林檎', banana: 'バナナ', orange: 'オレンジ', grape: 'ぶどう'}
```

連想配列 dict の中身を確認すると、「grape」と「ぶどう」の組み合わせが追加されていることがわかります。

● 連想配列の要素の追加

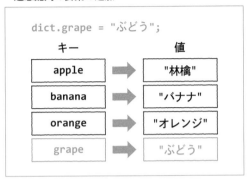

```
dict.grape = "ぶどう";
```

◎ 連想配列の要素を削除する

連想配列の要素を削除するには次のような処理を行います。

● 連想配列の要素を削除する書式

delete 変数名.キー名

これにより、指定されたキー名を持つ要素が削除されます。

実際に、キー名として orange を持つ要素を削除してみましょう。

sample4-23
```
01  delete dict.orange;
02  console.log(dict);
```

● 実行結果

{apple: '林檎', banana: 'バナナ', grape: 'ぶどう'}

「orange」と「オレンジ」の組み合わせの要素が削除されていることがわかります。

- 連想配列の要素の削除

```
delete dict.orange;
```

連想配列と HTML の組み合わせ

連想配列の仕組みがわかったところで、HTML と組み合わせてみましょう。次のサンプルを入力・実行してください。

sample4-24.html

```
01  <!DOCTYPE html>
02  <html>
03  <head>
04      <title>sample4-24</title>
05      <meta charset="UTF-8">
06  </head>
07  <body>
08      <h1>国の一覧</h1>
09      <table border="1" style="border-collapse:collapse">
10          <tr>
11              <th>英語の国名</th><th>日本語の国名</th>
12          </tr>
13          <script>
14              let countries = {
15                  Japan:"日本",
16                  USA:"アメリカ",
17                  China:"中国",
18                  Korea:"韓国"
19              };
20              for(let key in countries){
21                  document.write("<tr>");
22                  document.write("<th>" + key + "</th>");
23                  document.write("<td>" + countries[key] + "</td>");
```

```
24              document.write("</tr>");
25          }
26      </script>
27    </table>
28 </body>
29 </html>
```

● 実行結果

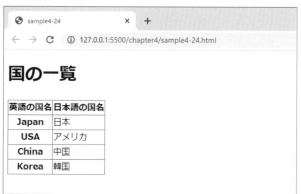

連想配列 countries の中に、キーとして英語表記の国名、値として日本語表記の国名が設定されています。キーと値を取り出して対応表となるテーブルを作成しています。

● forループで連想配列のキー名を取得する

for ループで連想配列のキー名を取得することができます。書式は次のとおりです。

● forループを用いてキー名を取り出す

```
for(let 変数 in 連想配列){
   処理
}
```

繰り返すたびに、in のあとの連想配列の値が 1 つずつ変数に代入されます。このサンプルの場合、連想配列 countries のキーである「Japan」、「USA」…といった値が変数 key に代入されていきます。

● 配列からキーの値を取り出す

```
let countries = {
    Japan:"日本",
    USA:"アメリカ",
    China:"中国",
    Korea: "韓国"
};
```

Japan、USA、…の順にkeyに代入される

```
for(let key in countries){
    ⋮
}
```

値を取得するためには、ここでは countries[キー名] を用いています。

● キーから配列の値を取り出す

key="Japan"

countries[key] ➡ countries["Japan"]

例えばキー名が Japan の場合、変数 key に "Japan" が代入された状態となるため、countries["Japan"] とするのと同じ処理になり、次のテーブルが得られます。

● 出力されるテーブルの構造

```
<table border="1" style="border-collapse:collapse">
  <tr>
      <th>英語の国名</th><th>日本語の国名</th>
  </tr>
  <tr>
    <th>Japan</th><td>日本</td>
  </tr>
  <tr>
    <th>USA</th><td>アメリカ</td>
  </tr>
  <tr>
    <th>China</th><td>中国</td>
  </tr>
  <tr>
    <th>Korea</th><td>韓国</td>
  </tr>
</table>
```

連想配列の配列を使ったテーブルの出力

for 文と配列を用いて少し複雑な配列のデータを出力してみましょう。

次のサンプルは、配列の中に複数の連想配列が入っています。配列に入った有名な GAFAM の各企業情報をテーブルとして出力しています。なお、各企業のサイトの URL はリンクになっており、表の中に出力された URL 部分をクリックすると、その企業のサイトにジャンプできます。

sample4-25.html

```
01  <!DOCTYPE html>
02  <html>
03  <head>
04      <title>sample4-25</title>
05      <meta charset="UTF-8">
06  </head>
07  <body>
08      <h1>GAFAMの一覧</h1>
09      <table border="1" style="border-collapse:collapse">
10          <tr>
11              <th>名前</th><th>運営会社</th><th>創立年</th><th>URL</th>
12          </tr>
13          <script>
14              // GAFAMの企業情報の配列
15              let companies = [
16                  {
17                      name:"Google",
18                      company:"Alphabet Inc." ,
19                      founding:1998 ,
20                      url:"https://abc.xyz/"
21                  },
22                  {
23                      name:"Apple",
24                      company:"Apple Inc." ,
25                      founding:1976,
26                      url:"https://www.apple.com/"
27                  },
28                  {
29                      name:"Facebook",
30                      company:"Meta Platforms, Inc." ,
31                      founding:2004,
32                      url:"https://www.meta.com/"
33                  },
```

```
34              {
35                  name:"Amazon",
36                  company:"Amazon.com, Inc." ,
37                  founding:1994,
38                  url:"https://www.amazon.com/"
39              },
40              {
41                  name:"Microsoft",
42                  company:"Microsoft Corporation" ,
43                  founding:1975,
44                  url:"https://www.microsoft.com"
45              }
46          ];
47          // GAFAMのデータの概要を取得
48          for(let company of companies){
49              document.write("<tr>");
50              // 各行の要素を取得
51              for(let key in company){
52                  // キーから企業情報を取得する
53                  let data = company[key];
54                  // キー名がurlの場合のみハイパーリンクを生成する
55                  if(key == "url"){
56                      data = "<a href=\"" + data + "\">" + data + "</a>";
57                  }
58                  // 企業情報を出力する
59                  document.write("<td>" + data + "</td>");
60              }
61              document.write("</tr>");
62          }
63      </script>
64    </table>
65  </body>
66  </html>
```

● 実行結果

◉ 連想配列の配列

　このサンプルは、「sample4-24.html」と同様に表を作るサンプルであり、要素は配列になっています。**違いは配列の要素が連想配列であるという点です。**

● 外側のループの処理

```
                                        let companies = [
                                          {
                                            name:"Google",
外側のループの処理                              company:"Alphabet Inc.",
                                            founding:1998,
                                            url:"https://abc.xyz/"
                                          },
for(let company of companies){                      ⋮
          ⋮                               {
}                                           name:"Microsoft",
   配列の要素として連想配列を取得                 company:"Microsoft Corporation",
                                            founding:1975,
                                            url:"https://www.microsoft.com"
                                          }
                                        ];
```

　表を出力するループは2重ループになっており、外側のループは for 〜 of 文を用いて、配列の外側の値に該当する連想配列の要素を取得しています。

　例えば、配列 companies の値は Google に関する情報の連想配列であり、これが値として変数 company に代入されます。

なお、<u>この連想配列の値には文字列（name など）と数値（founding）が混在していますが、連想配列も配列同様、1つの配列の中に文字列、数値、そのほかのオブジェクトなどさまざまな値を混在させることができます。</u>

重要　連想配列の値にはさまざまな種類のデータを混在させることができます。

◉ 連想配列から値を取得する

内側のループは、取得した企業情報の概要を出力します。データは連想配列になっているため、for ～ in ループでキーを取得し、取得したキーで要素を取得して変数 data に代入し、列情報を出力しています。

● 内側のループの処理

data には、キー（key）に該当する値が代入されます。

◉ エスケープシーケンス

ただ、キーが URL の場合は単純に変換するのではなく、data にさらにリンク情報を追加しています。data の値が「https://abc.xyz/」ならば、「<a href="https://abc.xyz/">https://abc.xyz/</a>」という形式に変更しています。ここでは a タグを用いてリンクを記述していますが、そのためには「"」が必要です。

しかし、「"」は文字列の最初と最後を表す記号であり、そのままでは出力できません。そのため、77 ページで説明した**エスケープシーケンス**を用いてこれを出力しています。

　2日目でも説明したとおり、エスケープシーケンスは特殊な文字を表現する方法です。「"」を表現するためには、「\"」と記述します。「\"」と記述することで、aタグは次のような形でURLを表現することができます。

● **変数dataにaタグの文字列を代入する**

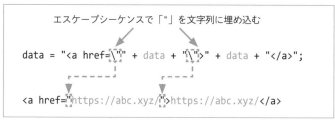

エスケープシーケンスで「"」を文字列に埋め込む

```
data = "<a href=\"" + data + "\">" + data + "</a>";
```

```
<a href="https://abc.xyz/">https://abc.xyz/</a>
```

例題 4-3 ★ ★ ☆

「sample4-25.html」を変更し、都道府県のデータが次のように表示される HTML にしなさい。

● **期待される実行結果**

 解答例と解説

変更結果は次のようになります。

example4-3.html

```
01  <!DOCTYPE html>
02  <html>
03  <head>
04      <title>example4-3</title>
05      <meta charset="UTF-8">
06  </head>
07  <body>
08      <h1>人口が多い都道府県</h1>
09      <table border="1" style="border-collapse:collapse">
10          <tr>
11              <th>順位</th></th><th>名前</th><th>県庁所在地</th><th>人口
    </th><th>HP</th>
12          </tr>
13          <script>
14              //  都道府県情報の配列
```

```
15          let prefectures = [
16              {
17                  名前:"東京都",
18                  県庁所在地:"東京",
19                  人口:"14,040,732",
20                  HP:"https://www.metro.tokyo.lg.jp/"
21              },
22              {
23                  名前:"神奈川県",
24                  県庁所在地:"横浜市",
25                  人口:"9,232,794",
26                  HP:"https://www.pref.kanagawa.jp/"
27              },
28              {
29                  名前:"大阪府",
30                  県庁所在地:"大阪市",
31                  人口:"8,787,414",
32                  HP:"https://www.pref.osaka.lg.jp/"
33              },
34              {
35                  名前:"愛知県",
36                  県庁所在地:"名古屋市",
37                  人口:"7,497,521",
38                  HP:"https://www.pref.aichi.jp/"
39              }
40          ];
41          // 順位
42          let rank = 1;
43          // 都道府県のデータの概要を取得
44          for(let prefecture of prefectures){
45              document.write("<tr>");
46              document.write("<td>" + rank + "</td>");
47              // 各行の要素を取得
48              for(let key in prefecture){
49                  // キーから都道府県の情報を取得する
50                  let data = prefecture[key];
51                  // キー名がHPの場合のみハイパーリンクを生成する
52                  if(key == "HP"){
53                      data = "<a href=\"" + data + "\">" + data + "</a>";
54                  }
55                  // 都道府県の情報を出力する
56                  document.write("<td>" + data + "</td>");
57              }
```

```
58              document.write("</tr>");
59              //  順位の値の更新
60              rank++;
61           }
62        </script>
63     </table>
64  </body>
65  </html>
```

　このサンプルのようにキーとして日本語を使うことができます。ただ、配列の中には順位のデータがないので、新たに rank という変数を用意し、その値を 1 つずつ増やしながら各行を出力するときに同時に出力しています。

 正解は 332 ページ

 問題 4-1 ★ ☆ ☆

Chrome のコンソールを用いて、次の処理を行いなさい。

（1）変数 array を空の配列にする
（2）array に、push メソッドを用いて 1、2、3 という値を挿入する
（3）for 〜 of 文と console.log を用いて配列 array の内容を表示する

 問題 4-2 ★ ☆ ☆

「sample4-14.html」（156 ページ）を次のように変更しなさい。
なお、作成するファイル名は「prob4-2.html」とすること。

• h1 タグによる見出しを「小学生が将来なりたい職業ランキング」とする
• ランキングの値をリストとして保存する
• 番号付きのリストでリストの結果を出力する

● 期待される実行結果

 問題 4-3

「sample4-24.html」（172 ページ）を次のように変更しなさい。
なお、作成するファイル名は「prob4-3.html」とすること。

- h1 タグによる見出しを「人口が多い国ランキング」とする
- 国名と人口の組み合わせを連想配列として保存する
- テーブルで順位、国名、人口の組み合わせの表を作る

● 期待される実行結果

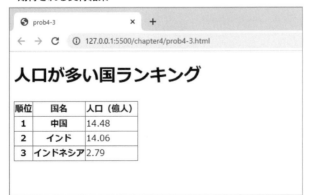

5日目

関数とイベント

1 関数

- ◗ 関数の概念と使用方法について学習する
- ◗ さまざまな関数の利用方法を学習する
- ◗ ユーザー定義関数を作る

1-1 ユーザー定義関数

POINT

- 関数とは何かについて学習する
- ユーザー定義関数について学習する
- 関数を定義する際の注意点を理解する

● 関数とは何か

処理が長く複雑になった場合、**関数（かんすう）** を利用すると便利です。

関数とは、**処理に特別な名前を与え、何度でも再利用できる仕組み** です。JavaScript 側でもともと用意されている関数と、ユーザー自身が作る関数があり、後者を**ユーザー定義関数**といいます。

用語

関数
処理に特別な名前を与え、何度でも再利用できる仕組み

◉ ユーザー定義関数を作る

実際にサンプルをとおしてユーザー定義関数について学習していきましょう。「chapter5」フォルダーを作り、次のサンプルを入力・実行してください。

sample5-1.html

```
01  <!DOCTYPE html>
02  <html>
03  <head>
04      <title>sample5-1</title>
05      <meta charset="UTF-8">
06  </head>
07  <body>
08      <h1>関数のサンプル①</h1>
09      <script>
10          //  平均値を求めるavg関数
11          function avg(n1, n2){
12              let n = (n1 + n2) / 2.0;
13              return n;
14          }
15          //  関数の引数の準備
16          let num1 = 11;
17          let num2 = 16;
18          //  関数の呼び出し
19          let n = avg(num1, num2);
20          //  結果の出力
21          document.write("<p>" + num1 + "と" + num2 + "の平均値は" + n + "です。</p>");
22      </script>
23  </body>
24  </html>
```

● 実行結果

このスクリプトを実行すると、11 と 16 という数値の平均値が表示されます。これは定義した avg 関数によって計算されたものです。

◉ 関数の定義

　ユーザー定義関数は function というキーワードからはじまり、続けて**関数名**を記述します。「sample5-1.html」では、avg という関数名で定義しています。関数名は自由に付けられますが、**もともとある関数と重複したり、同じ名前の関数を複数定義したりすることはできないので注意しましょう**。慣習として関数名は小文字ではじめます。また 2 つ以上単語をつなげる場合、2 つ目の単語の 1 文字目を大文字にします。

● 関数を定義する書式

```
function 関数名(引数1, 引数2, …){    ← 複数の場合「,」で区切る（省略可）
    処理
    return 戻り値;    ← 戻り値もしくは記述自体が省略されることもある
}
```

注意　　関数の名前を重複させることはできません。

◉ 引数と戻り値

　関数には引数を渡したり、処理を行った結果を得たりといったことができます。

　引数は、関数名のあとの ( ) 内に**外部から与えられた値を代入する変数を記述します**。引数は、**複数定義することが可能で、引数の間を「,」で区切ります。また、引数を省略することも可能です**。avg 関数は引数 n1 と引数 n2 を定義しています。

　また、関数の出力結果として**戻り値（もどりち）**が得られます。avg 関数は、戻り値として引数の平均値が得られます。**戻り値は関数の処理の終了を意味する return のあとに記述します**。

● 関数の処理のイメージ

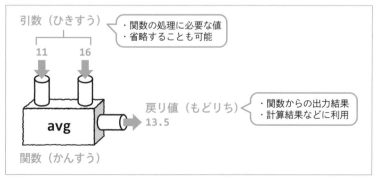

> **引数（ひきすう）**
> 関数の処理のために必要な値。省略することも可能。複数ある場合は「,」で区切る
>
> **戻り値（もどりち）**
> 関数の処理の結果。return のあとに記述する

◉ avg関数の処理の内容

以上を踏まえ、実際に avg 関数の処理内容を説明していきましょう。

- avg関数の処理の流れ

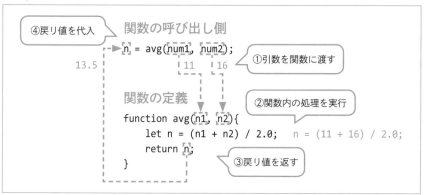

①引数を関数の変数にコピー

「sample5-1.html」の 19 行目で avg 関数を呼び出し、変数 num1 と変数 num2 を引数として渡します。

- avg関数の呼び出し

```
let n = avg(num1, num2);
```

②関数内の処理の実行

関数が呼び出されると処理が関数内に移行します。引数 n1 に 11 が、引数 n2 に 16 が代入され、引数 n1 と引数 n2 を足して 2.0 で割った結果（13.5）が変数 n に代入されます。

● 関数内の処理

```
let n = (n1 + n2) / 2.0;
```

③戻り値を返す

　最後にreturnで変数nを戻り値として返し、同時にそこで関数の処理は終了します。
つまり、13.5 が戻り値として返されます。

● 戻り値を返す

```
return n;
```

　なお、**return は関数の途中に記述してあっても、そこで関数の処理は終了し、そ
れ以降に処理があったとしても実行されません。**

重要

return のある所で関数の処理は終了します。

④戻り値を代入

　戻り値 13.5 が変数 n に代入されます。これで関数の一連の呼び出し処理は終了し
ます。

◉ 関数の特徴と活用法

　一度作ったユーザー定義関数は何度でも呼び出すことが可能です。また、関数から
関数を呼び出すことにより、より複雑な処理を実現させる関数を作ることもできます。
　プログラムの中に複雑な処理を記述したい場合は、まずその処理をいくつかの基本
的な処理に分割し、それぞれを関数として記述すると読みやすくなります。

重要

・関数は何度でも呼び出すことが可能
・複雑な処理も関数にすることによりプログラムが読みやすくなる

◉ ユーザー定義関数を作る際の注意点

このように関数は大変便利ですが、作成するには注意が必要です。

「sample5-1.html」では、avg 関数を定義してから呼び出していますが、**定義の前で呼び出そうとしても呼び出すことができません**。Web ブラウザは HTML ファイルを先頭から解釈していくため、関数定義が先に解釈されたあとに、呼び出し部分を解釈する流れになっている必要があります。つまり、関数の定義前に関数を呼び出そうとすると、Web ブラウザは関数の存在を検知できていないため、呼び出すことができないのです。

• 関数の呼び出しの順序

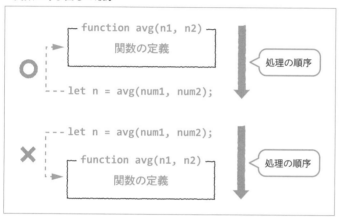

例題 5-1 ★ ☆ ☆

　JavaScript で、引数として与えた 2 つの数値のうちの最大値を戻り値として返す関数を作りなさい。さらにそれを HTML の中に埋め込み、次の実行結果が得られるようにしなさい。

● **期待される実行結果**

 解答例と解説

　「sample5-1.html」を参考にしながら作るとわかりやすいでしょう。

example5-1.html

```
01  <!DOCTYPE html>
02  <html>
03  <head>
04      <title>example5-1</title>
05      <meta charset="UTF-8">
06  </head>
07  <body>
08      <h1>最大値を求める関数</h1>
09      <script>
10          // 最大値を求める関数
11          function maxNumber(n1, n2){
12              if(n1 > n2){
13                  // n1のほうが大きければn1を返す
14                  return n1;
15              }
16              // そうでなければn2を返す
17              return n2;
18          }
```

```
19        let num1 = 11;
20        let num2 = 16;
21        //   関数の呼び出し
22        let n = maxNumber(num1, num2);
23        //   結果の出力
24        document.write("<p>" + num1 + "と" + num2 + "のうち大きい値は"
   + n + "です。</p>");
25      </script>
26  </body>
27  </html>
```

2 つの数値のうち最大値を求める関数を maxNumber とします。引数 n1、引数 n2 を比較し、引数 n1 のほうが大きければ、return で引数 n1 を返し、そこで処理を終了しています。このように、関数の処理の途中に return 文を入れることにより、途中で処理を終了させることもできます。

● maxNumber関数の処理のイメージ

```
③戻り値を得る

let n = maxNumber(num1, num2);
     16         16   11
     ①引数を渡す

function maxNumber(n1, n2){
    if(n1 > n2){ ← 条件が成り立つ
        //   n1のほうが大きければn1を返す
        return n1;
                 ②戻り値を返す
    }
    //   そうでなければn2を返す
    return n2;
}
           n1 > n2の場合
```

```
③戻り値を得る

let n = maxNumber(num1, num2);
     16         11   16
     ①引数を渡す

function maxNumber(n1, n2){
    if(n1 > n2){ ← 条件が成り立たない
        //   n1のほうが大きければn1を返す
        return n1;
    }
    //   そうでなければn2を返す
    return n2;
                 ②戻り値を返す
}
           n1 <= n2の場合
```

なお、引数 n1 が引数 n2 よりも大きくないということは、引数 n2 が引数 n1 以下であるということを意味するので、この場合は処理の最後に return で引数 n2 を返します。

さまざまな関数

- さまざまな関数を自作してみる
- 関数の上書きについて理解する

引数や戻り値がない関数

引数がない関数、戻り値がない関数、また引数と戻り値がどちらもない関数があります。次のサンプルで確認してみましょう。

sample5-2.html

```
01  <!DOCTYPE html>
02  <html>
03  <head>
04      <title>sample5-2</title>
05      <meta charset="UTF-8">
06  </head>
07  <body>
08      <h1>関数のサンプル②</h1>
09      <script>
10          //  指定した数だけ星を表示する関数
11          function stars(n){
12              document.write("<p>");
13              for(let i = 0; i < n; i++){
14                  document.write("★");
15              }
16              document.write("</p>");
17              return; //  省略可能
18          }
19          //  「Hello」という文字列を出力する関数
20          function hello(){
21              document.write("<p>Hello</p>");
22          }
23          //  関数の呼び出し
24          stars(8);
25          stars(2);
26          hello();
```

```
27        </script>
28    </body>
29    </html>
```

● 実行結果

◉ 戻り値がない関数

stars 関数は戻り値がない関数です。引数として与えた数だけ「★」を表示します。「★」は p タグで囲まれており、例えば「stars(8);」とすると、p タグに囲まれた★が8つ出力されます。

● stars関数の働き

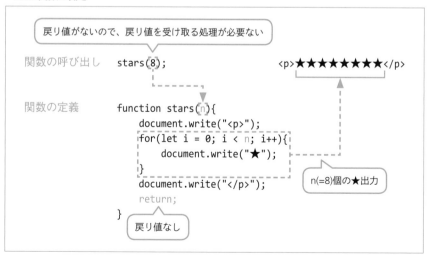

25 行目では引数として 2 を渡しているため、「★」は 2 つしか表示されません。

◉戻り値のない関数とreturn

stars 関数の最後の「return」のあとには**戻り値が記述されていません。これは、戻り値がないことを意味します**。呼び出す側でも戻り値を変数に代入したり出力したりするといった処理がありません。このように、関数の中には戻り値がないものも存在します。

重要 戻り値のない関数の場合、「return」のあとに戻り値を記述する必要はありません。

◉引数と戻り値がどちらもない関数

hello 関数は、引数を入れる ( ) に何も記述されていません。**これは、関数が引数を必要としていないことを意味しています**。さらに、最後に return がありません。**実は、戻り値のない関数は、最後の return を省略できるのです**。関数の処理を何らかの都合があって途中で終了する場合を除き、戻り値のない関数のreturn文は省略できます。

重要
・引数のない関数は、関数の定義の中の ( ) に何も入れない
・戻り値のない関数は、return を省略できる

● 関数の上書き

関数を定義する際に気を付けなくてはいけない点として、**関数の上書き**と呼ばれる現象があります。関数の名前は自由に付けることができますが、名前を重複させることはできません。**仮に名前が重複する関数が複数定義されている場合、あとに定義した関数が呼び出されます**。

次のサンプルを入力・実行して確認してみましょう。

sample5-3.html

```
01  <!DOCTYPE html>
02  <html>
03  <head>
04      <title>sample5-3</title>
05      <meta charset="UTF-8">
06  </head>
07  <body>
08      <h1>関数のサンプル③</h1>
```

```
09    <script>
10        //　sample関数（1回目の定義）
11        function sample(){
12            document.write("<p>No1</p>");
13        }
14        //　sample関数（2回目の定義）
15        function sample(){
16            document.write("<p>No2</p>");
17        }
18        //　sample関数の呼び出し
19        sample();
20    </script>
21 </body>
22 </html>
```

● 実行結果

sample 関数が 2 回定義されています。1 回目の定義では「No1」と、2 回目の定義では「No2」と表示する処理を行っています。19 行目では定義された sample 関数を呼び出していますが、<u>その結果「No2」と表示されていることから、あとに定義した関数が呼び出されていることがわかります。</u>

注意

> 重複した名前の関数が存在した場合、あとに定義されたほうの関数が利用されます。

◉ 関数とメソッドの関係

ここまで関数に関して勉強をしてきて、「なんだか関数というのは、オブジェクトのメソッドに似ているな？」と思われた方も多いと思います。

<u>実は、関数とオブジェクトのメソッドの間には密接な関係があります。現段階ではメソッドはオブジェクトが持つ関数</u>、ぐらいに理解しておけばよいでしょう。詳しくは 6 日目で説明します。

関数と変数のスコープ

関数について学んだところで、関連する大事な概念である**変数のスコープ**について学びましょう。

まずは次のサンプルを入力・実行してみましょう。

sample5-4.html

```
01  <!DOCTYPE html>
02  <html>
03  <head>
04      <title>sample5-4</title>
05      <meta charset="UTF-8">
06  </head>
07  <body>
08      <h1>変数のスコープ①</h1>
09      <script>
10          // グローバル変数の初期化
11          let a = "グローバル";
12          // 関数func
13          function func(){
14              // ローカル変数の初期化
15              let b = 1;
16              // グローバル・ローカル両方の変数の値を表示
17              document.write("<h2>関数内の処理</h2>");
18              document.write("<p>a=" + a + "</p>");
19              document.write("<p>b=" + b + "</p>");
20          }
21          // 関数funcの呼び出し
22          func();
23          // グローバル・ローカル両方の変数の値を表示
24          document.write("<h2>メインの処理</h2>");
25          document.write("<p>a=" + a + "</p>");
26          //document.write("<p>b=" + b + "</p>");
27      </script>
28  </body>
29  </html>
```

● 実行結果

スコープ（scope）は有効範囲という意味があり、変数のスコープは変数の有効範囲という意味です。変数のスコープには大きく分けて**グローバルスコープ**と**ローカルスコープ**があります。

グローバルスコープとは、プログラム全体という意味で、グローバルスコープを持つ変数のことを**グローバル変数**といいます。

それに対し、関数内もしくは if 文や while 文の { } 内といった、限られた範囲のことを**ローカルスコープ**といい、ローカルスコープを持つ変数のことを**ローカル変数**といいます。なお、関数が受け取る引数も関数内でしか利用できないため、ローカル変数の一種です。

◎ グローバル変数の特性

プログラムの先頭で定義された関数はグローバル変数になります。「sample5-4.html」では、変数 a がグローバル変数に該当し、プログラム冒頭で「グローバル」という文字列を代入しています。変数 a の値は func 関数の中でも、プログラムのメインの処理でも表示していますが、いずれも「グローバル」という文字列として出力されています。つまり、グローバル変数はプログラム全体で利用可能であることがわかります。

重要 グローバル変数はプログラム全体で利用することができます

◉ローカル変数の特性

　これに対し、<u>func 関数の中で定義されている変数 b は、func 関数の中でしか使えません</u>。関数内で変数 b には 1 という値が代入され、表示結果も 1 になっていることがわかります。

　ところで、サンプルの 26 行目を見てください。「document.write…」の処理がコメントになっています。つまり、この処理は無効化されています。

- コメントアウト

```
//document.write("<p>b=" + b + "</p>");
```

　このように処理の前に「//」を付け、処理を無効化することを**コメントアウト**といい、プログラミングのテクニックとしてよく知られています。この処理を有効化するには、「//」を外せばよいのです。試しに、「//」を外して次のように変更してみましょう。

- 「//」を外す

```
document.write("<p>b=" + b + "</p>");
```

 用語 **コメントアウト**
「//」や「/* */」を利用して、プログラムの処理を無効化すること

　<u>しかしこの処理を有効化しても変数 b の値は表示されません</u>。なぜこのようなことが起こるかというと、<u>この処理を実行する際に、変数 b が存在しないからです</u>。

　<u>変数 b が定義されているのは func 関数内なので、関数の外では利用できないのです</u>。これは関数に限らず、例えば if 文や while 文の中で定義されているローカル変数に関しても同様です。

● 変数のスコープ

注意

ローカル変数は、スコープの範囲外では利用できません。

1-3 無名関数

POINT

- 無名関数とは何かを学習する
- 無名関数を変数に代入する
- 配列と forEach を利用する

無名関数

　関数の基本を学んだところで、次はその応用として**無名関数（むめいかんすう）**について学びましょう。

　無名関数とは、文字どおり名前のない関数です。では、名前のない関数をどうやって使うのでしょうか？　実は、**無名関数は変数に代入することによって利用可能になるのです**。したがって、無名関数の定義は次のように行います。

● 無名関数の定義
```
const 変数名 = function(引数1, 引数2, …){
    関数の処理
}
```

関数を変数に代入するというのは、何とも奇妙な感じがします。**実は関数もまたオブジェクトの一種であり、変数に代入が可能なのです。無名関数を代入した変数は、あたかもその関数のように振る舞います**。

重要

関数もまたオブジェクトの一種であり、変数に代入することができます。

◎ 無名関数のサンプル

では実際にサンプルをとおして、無名関数がどういうものかを学習していきましょう。次のサンプルを入力・実行してください。

sample5-5.html

```
01  <!DOCTYPE html>
02  <html>
03  <head>
04      <title>sample5-5</title>
05      <meta charset="UTF-8">
06  </head>
07  <body>
08      <h1>無名関数</h1>
09      <script>
10          let m = 5;
11          let n = 4;
12          //  無名関数
13          const f = function(a, b){
14              return a + b;
15          }
16          //  無名関数の呼び出し
17          let ans = f(m, n);
18          document.write("<p>" + m + "+" + n + "=" + ans + "</p>");
19      </script>
20  </body>
21  </html>
```

- 実行結果

このサンプルでは、次のように無名関数を定義し、変数 f に代入しています。

- 無名関数の定義

```
const f = function(a, b){
    return a + b;
}
```

この関数は引数 a、引数 b を受け取り、戻り値として「a + b」を返しています。そしてこの関数のオブジェクトが変数 f に代入されることにより、変数 f は関数として振る舞えます。

そのため、次のような処理を行うと、変数 m の値が引数 a、変数 n の値が引数 b に代入され、「a + b」の値が変数 ans に代入されるのです。

- 変数fに代入された無名関数の呼び出し

```
let ans = f(m, n);
```

このサンプルでは、変数 m が 5、変数 n が 4 なので、変数 ans にはその和である 9 が代入されます。

● コールバック関数

無名関数は「そもそも何のためにこんなものが必要なのか」と疑問に思った方も少なくないでしょう。その理由はさまざまですが、大きな理由の 1 つとして**コールバック関数**として利用する目的があります。

コールバック関数とは、ほかの関数、もしくはメソッドの引数として利用可能な関数のことをいいます。すでに説明したとおり、関数もまたオブジェクトの一種ですので、関数もしくはメソッドの引数として渡すことができるのです。

5日目
関数とイベント

◎ 配列とforEachメソッド

よく使われる例として、配列オブジェクトのメソッドである forEach メソッドの利用例を紹介します。

配列の forEach メソッドは、コールバック関数を引数として受け取り、さらに配列の要素を 1 つずつコールバック関数の引数として渡します。書式は次のとおりです。

● forEachメソッドの書式

配列.forEach(コールバック関数による処理)

forEach メソッドは、添え字配列と連想配列のどちらでも利用可能です。

◎ 添え字配列におけるforEachメソッドのサンプル

では実際に forEach メソッドを用いてみましょう。

次のサンプルは「sample4-14.html」(156 ページ)を添え字配列の forEach メソッドを利用する形に変更したものです。入力・実行して、同じ結果が得られるか確認してみましょう。

sample5-6.html

```
01  <!DOCTYPE html>
02  <html>
03  <head>
04      <title>sample5-6</title>
05      <meta charset="UTF-8">
06  </head>
07  <body>
08      <h1>人気のフルーツ一覧</h1>
09      <ul>
10          <script>
11              const fruits = ["りんご", "もも", "バナナ"];
12              fruits.forEach(function(item){
13                  document.write("<li>" + item + "</li>");
14              });
15          </script>
16      </ul>
17  </body>
18  </html>
```

● 実行結果

◉ forEachメソッドの働き

　配列 fruits をオブジェクトとして、forEach メソッドを利用しています。forEach メソッドの引数は無名関数です。そして、その無名関数は引数 item を受け取ります。ループの最初の値は「りんご」なので、最初に引数 item に「りんご」が代入され、無名関数の処理が実行されます。同様に「もも」「バナナ」が引数 item に代入され、配列 fruits の要素をすべて無名関数に渡すと、forEach メソッドの処理が終わります。

● forEachループの働き

```
              ①      ②      ③
let fruits = ["りんご", "もも", "バナナ"];

                  fruitsの中身が順にitemに代入される

fruits.forEach(function(item){
    document.write("<li>" + item + "</li>");
});


<li>りんご</li>    ①
<li>もも</li>      ②
<li>バナナ</li>    ③
```

例題 5-2 ★ ★ ☆

「sample4-15.html」(158 ページ)の for ループを forEach ループに置き換えなさい。

● **期待される実行結果**

解答例と解説

最初に全データが入った変数 staff の forEach のループを作ります。その中に無名関数を定義します。このとき、その引数を data とします。data は最初 [" 佐藤 ", 41, " 東京 "] というデータが入ります。次にこの data で forEach ループを作ります。その引数となる item は、" 佐藤 "、41、" 東京 " と変化していきます。ループの 2 回目、3 回目でも同でも同じ処理が繰り返されて表が完成します。

example5-2.html

```
01  <!DOCTYPE html>
02  <html>
03  <head>
04      <title>example5-2</title>
05      <meta charset="UTF-8">
06  </head>
07  <body>
08      <h1>社員データ</h1>
09      <table border="1" style="border-collapse:collapse">
10          <tr>
11              <th>名前</th><th>年齢</th><th>出身地</th>
12          </tr>
```

```
13    <script>
14        let staff = [
15            ["佐藤", 41, "東京"],
16            ["鈴木", 25, "大阪"],
17            ["林", 34, "札幌"]
18        ];
19        //  外側のforEach
20        staff.forEach(function(data){
21            document.write("<tr>");
22            //  内側のforEach
23            data.forEach(function(item){
24                document.write("<td>" + item + "</td>");
25            });
26            document.write("</tr>");
27        });
28    </script>
29    </table>
30 </body>
31 </html>
```

2 フォームとコントロール

- ⊙ フォームを形成するための HTML タグを学習する
- ⊙ フォームに配置するさまざまなコントロールについて学習する
- ⊙ JavaScript でコントロールの処理を行う

2-1 フォームによるデータの送信

- HTML でフォームを作る
- フォームの中にコントロールを配置する

フォームの利用

　話は変わってここからまた HTML に関するトピックに戻りましょう。ここで扱う
トピックは**フォーム（form）**です。

　フォームとは、**決められた形式のデータを効率よく入力できるように作成された、
入力欄や入力画面などを指します。**

　例えば、アンケートや資料請求、会員登録など、よくフォームを利用しています。
ここでは実際にそのフォームをどのようにして作成し、利用するかということについ
て学習します。

　次のサンプルを入力・実行してみましょう。

sample5-7.html

```
01 <!DOCTYPE html>
02 <html>
03 <head>
04     <title>sample5-7</title>
05     <meta charset="UTF-8">
06 </head>
```

```
07  <body>
08      <h1>フォームサンプル（1）</h1>
09      <!-- 簡単なフォーム -->
10      <form method="GET" action="sample5-7.html">
11          <p><b>お名前</b></p>
12          <input type="text" name="name" placeholder="例）山田太郎">
13          <br>
14          <p><b>性別</b></p>
15          <p>
16          <input type="radio" name="sex" value="男" checked="checked">男
17          <input type="radio" name="sex" value="女">女
18          </p>
19          <input type="submit" value="送信する">
20      </form>
21  </body>
22  </html>
```

5日目
関数とイベント

● 実行結果

◎ formタグ

フォームを利用するには、**formタグ**が必要です。フォームの中にある入力欄やラジオボタンなどは、<form> ～ </form> の中に記述します。

重要

> フォームを形成するさまざまなタグを <form> ～ </form> の中に記述します。

form タグには method 属性と action 属性があります。

- formタグの属性

```
<form method="GET" action="sample5-7.html">
```

　このうち、**method は通信方式を表しており、ここではフォーム通信方式に GET を指定しています。**

　通信方式にはこのほかにも **POST** がありますが、GET がどういうものかということの説明も含めて、詳細はのちほど説明します。

重要　フォームのデータの送信方法には GET と POST があります。

　また、**action 属性には、フォーム内にある送信ボタンをクリックしたときに移動するページを指定します。**

　つまり「sample5-7.html」の 10 行目は、**フォームで送信ボタンがクリックされると、「sample5-7.html」自身に GET でデータを送信し、ページを移動する**ということを表しています。

◉ 入力欄のタグ

　次に、フォーム内に記述されているタグを見てみましょう。

　一部例外はありますが、**基本的に入力欄には input タグを使い、種類の違いは type 属性で指定します。**キーボードで文字列を入力する入力欄を作りたい場合は、type 属性を「text」にします。

- 「sample5-7.html」の入力欄のタグ

```
<input type="text" name="name" placeholder="例）山田太郎">
```

　name 属性は、**このタグに固有の名前を付けます。遷移先で値を取得する際に使用するため、必ず付ける必要があります。**

　placeholder 属性は、未入力のときに仮で表示しておく値のことです。入力欄が空のとき、「例）山田太郎」と表示されているのはこの属性のためです。

• 入力欄のタグ

⦿ ラジオボタンのタグ

ラジオボタンを作りたい場合は、type属性を「radio」にします。ラジオボタンは複数の選択肢の中から1つ選ぶためのものです。

• 「sample5-7.html」のラジオボタンのタグ

```
<input type="radio" name="sex" value="男"  checked="checked">男
<input type="radio" name="sex" value="女">女
```

入力欄と違い、**ラジオボタンは選択肢の数だけ同名のタグを用意します**。ここでは「sex」というname属性を持つラジオボタンのタグが2つ記述されていますが、これは2択であるためです。さらに **value属性でその値を定義します**。なお、デフォルトで選択しておきたい選択肢には「checked="checked"」と記述します。

最後にinputタグのあとに文字列を記述すると、選択肢の内容を表す文字列を表示できます。

• ラジオボタンのタグ

⦿ 送信ボタン

input タグの type 属性に「submit」を指定すると、送信ボタンになります。ボタンに表示する文字は、value 属性で指定します。このサンプルでは「value=" 送信する "」と指定しているため、ボタンに「送信する」と表示されます。

ほかの input タグと違うのは、ボタン自体は何かの値を選択したり入力したりするものではなく、**このボタンをクリックすると、form タグの action 属性に記述されたページに遷移することです。**

● 送信ボタンのタグ

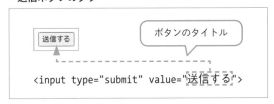

⦿ フォームにデータを入力し送信する

フォームの中身がわかったところで、値を入力して送信してみましょう。

例えば、次のように名前の欄に入力し、性別を選択したとします。

● フォームへの入力例

この段階で「送信」ボタンをクリックすると次のようになります。

● 送信ボタンをクリックしたあとの様子

```
[●] sample5-7          ×   +
← → C  ① 127.0.0.1:5500/chapter5/sample5-7.html?name=インプレス花子&sex=女
```

フォームサンプル（1）

お名前

[例）山田太郎   ]

性別

◉男 ○女

[送信する]

　画面の基本構成は変わりませんが、実は URL が変化しています。

● 送信ボタンを押したあとに得られたURL

```
http://127.0.0.1:5500/chapter5/sample5-7.html?name=インプレス花子&sex=女
```

◉ GETによるデータ送信

　すでに説明したとおり、このサンプルのフォームは「method="GET"」とすることにより、GET と呼ばれる方法でデータを送信しています。

　GET は URL のファイル名などの末尾に「?」を付け、続けて「パラメータ名 = 値」の形式で記述します。さらに「&」で区切ることで複数のパラメータを送信できます。

◉ POSTによるデータ送信

　なお、「method="POST"」とすると、POST と呼ばれる方法でデータが送信されます。POST を利用すると、URL の中に入力されたデータが表示されることはありません。また、**GET の URL 文字数制限があり、最大で 2,083 文字です**。それを超える URL になる場合、POST を利用する必要があります。

注意

> GET で送れるリクエストの情報には文字数の制限があります。

◉ GETとPOSTの使い分け

このような説明を見ると、「GET は文字数に制限があるのなら、すべてのリクエストを POST にすればよいのではないか」と疑問に思うかもしれません。しかし、両方存在するにはきちんとした理由があるのです。

GET は、送信内容が URL に含まれているため、同じ URL に再度アクセスすると同じ内容が再現できます。例えば、Google などの検索エンジンで検索した結果のページや、Amazon などの商品情報のページをそのまま URL として保存できます。

それに対し、POST は個人情報や ID、パスワードを入力するような秘匿したい情報がある場合に使用します。

input タグの利用

フォームの中に記述される input タグの動作は type 属性の値に応じて大きく変わります。サンプルで使用した以外の代表的なものは次のとおりです。

● inputタグのtype属性に入れる値と、使用できるコントロール

type属性 の値	概要	見た目
checkbox	チェックボックス。複数の選択肢から複数個を選べる	✓ ☐
password	入力値を隠す1行のテキストフィールド。 パスワードの入力などに使う	●●●●●●●●
button	ページ移動などを伴わないボタン	ボタン
date	日付を入力するためのコントロール	2023/06/01 📅
hidden	表示されないコントロール。 value属性で指定した値を送信できる	
image	画像ボタン。 使用する画像ファイルはsrc属性で指定する	

なお、フォーム内で入力に用いるタグは、input タグだけではありません。セレクトボックスを作成するタグである select タグや、文章を入力するための textarea といったタグも存在します。

2-2 コントロールと JavaScript

- JavaScript とコントロールを関連付ける
- JavaScript の関数でイベント処理を行う
- HTML 要素への id の付与とそれに対するイベント処理について学ぶ

● イベント

フォームの基礎について理解したところで、次はボタンが押されたときのイベント処理などを JavaScript で記述してみましょう。

JavaScript で使う**イベント**は、システムで生じた動作により何らかの処理を要求することを指します。例えば、Web ページ上でボタンをクリックする動作は典型的なイベントの一種です。

通常、こういったイベントが発生した場合、例えば、ボタンをクリックすると何らかのメッセージが表示されるといったような処理が行われます。イベントに対して何らかの処理を行うことを**イベント処理**といいます。

なお、イベントの発生を検知し、イベントに応じたイベント処理を実行するための仕組みを**イベントハンドラ**といいます。

用語

イベント
システムで生じた動作により何らかの処理を要求すること
イベント処理
発生したイベントに対して行う処理
イベントハンドラ
イベントとイベント処理を結び付ける仕組み

◉ ボタンのイベント処理

JavaScript のイベント処理を理解するために、次の簡単なサンプルを実行してみましょう。

sample5-8.html

```
01  <!DOCTYPE html>
02  <html>
03  <head>
04      <title>sample5-8</title>
05      <meta charset="UTF-8">
06      <!-- イベント処理のスクリプト -->
07      <script>
08          // ボタン処理のイベント関数
09          function buttonClickEvent(){
10              window.alert("ボタンが押されました");
11          }
12      </script>
13  </head>
14  <body>
15      <h1>フォームサンプル（2）</h1>
16      <!-- ボタンを配置 -->
17      <p>ボタンを押してください</p>
18      <input type="button" value="ボタン" onclick="buttonClickEvent()">
19  </body>
20  </html>
```

● 実行結果①（実行直後）

ボタンをクリックすると、次のようなダイアログが表示されます。

● 実行結果②（ボタンを押したあと）

ダイアログは「OK」ボタンをクリックすると消えます。では、なぜこのサンプルはこのような動きをするのでしょうか？　少しずつ解説していきましょう。

◉ フォームの省略とボタン

このサンプルには、ボタンが1つ配置されているのにもかかわらず、form タグが配置されていません。なぜなら、ボタンをクリックしたときに実行する処理が、Webページの移動を伴わないからです。**ボタンをクリックしたとき、別の Web ページへ移動しない場合は、form タグを使う必要はありません**。

さらに、ボタンのタグは次のように定義されています。

● ボタンタグ

```
<input type="button" value="ボタン" onclick="buttonClickEvent()">
```

type 属性に「button」を指定しています。Web ページの遷移が伴わないボタンを表示するときに用いられます。また、value 属性の値が「ボタン」であることから、このボタンには「ボタン」という文字列が表示されています。

重要

form タグを省略してもボタンなどのコントロールを配置できます。

◉ onclick属性とイベントハンドラ

input タグの中には、今回新しく onclick という属性を指定しています。onclick 属性は、**ボタンがクリックされたときに、実行するイベントを指定するためのものです。**「sample5-8.html」の onclick 属性に記述した「buttonClickEvent()」は、JavaScript の関数名を指定しています。

つまり、このボタンがクリックされたとき、あらかじめ定義されている JavaScript の buttonClickEvent() という関数を呼び出す、ということを意味しています。

なお、onclick 属性のように、何らかのイベントが発生した場合の処理を記述するための特殊な属性のことを**イベントハンドラ**といいます。イベントハンドラは、通常「on×× （××の部分はイベント名）」となっており、主なものとしては次のようなものが存在します。

● HTMLの主なイベントハンドラ

名前	イベントの発動条件
onchange	要素の内容が変わったとき
ondrag	要素がドラッグされたとき
onmouseover	要素にマウスカーソルが置かれたとき
onclick	要素がクリックされたとき
onsubmit	フォームが送信されたとき
onkeypress	キーボードのキーが押されたあとに離されたとき
onload	ページが読み込まれたとき

◉ ボタンイベントの関数

ボタンが押されたときのイベント処理を行う buttonClickEvent() という関数の定義は、head タグの中で定義されています（7 ～ 12 行目）。

● buttonClickEvent関数

```
function buttonClickEvent(){
    window.alert("ボタンが押されました");
}
```

この関数は引数・戻り値がなく、この中に記述されている処理でダイアログを表示します。

◉ windowオブジェクトとalertメソッド

この処理では、window オブジェクトの alert メソッドを呼び出しています。window オブジェクトとは、JavaScript が動作している Web ブラウザを表します。

window オブジェクトの alert メソッドを呼び出すと、OK ボタンを持つ警告ダイアログを表示し、さらに引数で渡された文字列をダイアログに表示します。そのため、ボタンをクリックすると「ボタンが押されました」というメッセージがダイアログに表示されるわけです。

処理の流れは次のとおりです。

● イベント処理のイメージ

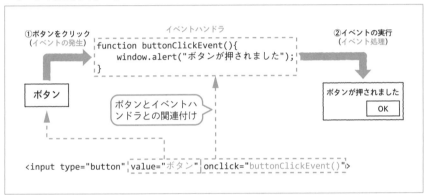

◉ 「sample5-8.html」の問題点

イベントハンドラを用いて、イベントと関数を結び付ける方法がわかったかと思います。しかし、この方法には大きな問題があります。**それは、イベントを処理する関数名がわからないと HTML に記述できない点です。**

イベント処理を行う関数名が変わった場合、HTML も書き換えなくてはなりません。また、ボタンが複数あった場合、ボタンごとに関数を定義し、個別に関数名を指定しなければならないので手間がかかります。

そのため、実際にイベント処理を実装するにはもう少し洗練された方法が必要です。

イベントリスナーによるイベント処理

同じイベント処理でも、イベントリスナーと無名関数を使うとより洗練されたイベント処理を行うことができます。

次のサンプルは、「sample5-8.html」とほぼ同じ処理を行います。

sample5-9.html

```
01  <!DOCTYPE html>
02  <html>
03  <head>
04      <title>sample5-9</title>
05      <meta charset="UTF-8">
06  </head>
07  <body>
08      <h1>フォームサンプル（3）</h1>
09      <!-- ボタンを配置 -->
10      <p>ボタンを押してください</p>
11      <input type="button" value="ボタン" id="btn">
12      <!-- イベント処理のスクリプト -->
13      <script>
14          // ボタンのオブジェクトを取得する
15          let button = document.getElementById("btn");
16          // ボタンの処理を関数として記述する
17          button.addEventListener("click", function(){
18              window.alert("ボタンが押されました");
19          });
20      </script>
21  </body>
22  </html>
```

● 実行結果①（実行直後）

ボタンをクリックすると、「sample5-8.html」と同じダイアログが表示されます。

● 実行結果②（ボタンをクリックしたあと）

表示されたら「OK」ボタンをクリックして、ダイアログを閉じましょう。

⊙ HTML要素へのidの指定

まずはこのサンプルのHTMLの処理に着目してください。ボタンが1個しか配置されていないという点は「sample5-8.html」と同じですが、よく見るとボタンの中に見慣れない属性があります。

● ボタンのタグ

```
<input type="button" value="ボタン" id="btn">
```

この中の「id="btn"」という部分は「sample5-8.html」にはありませんでした。これは一体何を意味するのでしょうか？

id属性は、HTMLの要素を識別するためのidを付けるもので、同一ページ内に同じ名前のidは1つしか設定することができません。ここではinputの要素に付けていますが、基本的にほとんどのHTMLの要素に付けることができます。11行目の場合、このinputタグによって生成される要素に、「btn」という名前の識別子を付けることを意味しています。

注意

> idは同一ページ内で重複することは許されません。

◉ idによる要素の取得

　では、一体なぜ input タグの部分にわざわざ btn という要素の名前を付けたのでしょうか？　それは、次の JavaScript で要素に対してアクセスするためです。

● ボタンのタグ

```
let button = document.getElementById("btn");
```

　document オブジェクトには、getElementById というメソッドがあります。**getElementById メソッドは、引数として指定した id を持つオブジェクトを取得することができます。**

　実は HTML の各要素はオブジェクトとして扱うことができ、そのためにはこのメソッドを使う必要があるのです（詳細は 7 日目で説明）。これにより、変数「button」は、ボタンのオブジェクトとして扱うことが可能になります。

◉ イベントリスナー

　HTML の要素には**イベントリスナー**という関数を指定することができます。

　イベントリスナーは HTML 要素におけるオブジェクトのプロパティの一種で、発生したイベントに対する処理を定義する際に用います。

　このサンプルでは次のようにしてボタンのイベントリスナーの関数を定義しています。

● イベントリスナーの代入

```
button.addEventListener("click",function(){
    window.alert("ボタンが押されました");
});
```

　button オブジェクトの addEventListener というメソッドは、オブジェクトに対するイベントを定義する際に使用します。

　第 1 引数の文字列「click」はイベントの種類を表しています。第 2 引数には、イベントが発生したときに呼び出したい関数を指定しています。**つまり、ここでは、ボタンがクリックされた際に呼び出されるイベントが関数として与えられているわけです。**

　ここで引数として渡す関数は無名関数を用いています。処理内容は「ボタンが押されました」というダイアログを出力する処理です。そのため、ボタンを押すとこのダイアログが出現するのです。

◉ イベントリスナーのイベントの種類

イベントリスナーのイベントは「click」以外にもさまざまな種類が存在します。

● イベントリスナーで使用される代表的なイベント

名前	内容
click	マウスがクリックされた
keydown	キーボードのキーが押された
keyup	キーボードのキーが離された
mousedown	マウスボタンが押された
mouseup	マウスボタンが離された
mousemove	マウスカーソルが移動した
mouseover	マウスカーソルが重なった
mouseout	マウスカーソルが離れた
onload	ページが読み込まれた
focus	選択された状態になった
submit	フォームの内容が送信された
change	フォームの内容が変更された
load	Webページの読み込みが完了した

対応するイベントの種類に応じて処理を付け加えることができます。

◉ JavaScriptの処理があとに書かれている理由

ところで、ほぼ同じ処理をする「sample5-8.html」と「sample5-9.html」の JavaScript の処理を記述した部分が違うことに気が付いたでしょうか？ また、一体なぜこのような違いが出るのでしょうか？

これは、Web ブラウザが HTML ファイルを先頭から下に向かって順に解釈していくことに起因します。「sample5-8.html」では、HTML の中で呼び出す関数名を指定しているため、この関数はその前に定義されている必要があります。そのため、JavaScript で関数の定義をこのタグよりも前に記述します。

- 「sample5-8.html」の処理の流れ

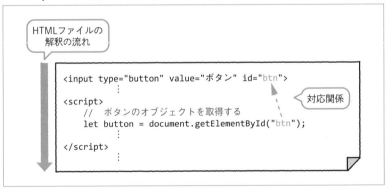

これに対し、「sample5-9.html」は、呼び出す関数が HTML の中の指定した id の要素を知っている必要があります。そのため、JavaScript はこのタグが記述されたあとに記述する必要があります。

- 「sample5-9.html」の処理の流れ

JavaScript を配置する際には HTML の各要素との対応関係に注意しましょう。

注意

例題 5-3 ★ ★ ☆

次のように、名前を入力するテキストボックスとボタンを持つ HTML ファイルを作りなさい。また、テキストボックスに名前を入力してボタンをクリックした場合と、何も入力せずにボタンをクリックした場合、実行結果と同様にメッセージを表示させなさい。テキストボックスに入力された文字列を取得するには、テキストボックスオブジェクトの value プロパティの値を取得すればよい。値が入力されたかどうかの判定は、この値が空文字（" "）かどうかで判断すること。

なお、ファイル名は「example5-3.html」とすること。

● **期待される実行結果**

● **期待される実行結果（名前を入力してボタンをクリックした場合）**

● **期待される実行結果（何も入力せずにボタンをクリックした場合）**

 解答例と解説

example5-3.html

```html
01  <!DOCTYPE html>
02  <html>
03  <head>
04      <title>example5-3</title>
05      <meta charset="UTF-8">
06  </head>
07  <body>
08      <h1>名前を入力</h1>
09      <!-- ボタンを配置 -->
10      <p>あなたの名前を入力してボタンを押してください</p>
11      <input type="text" id="name" placeholder="例）山田太郎">
12      <br>
13      <input type="button" value="ボタン" id="btn">
14      <!-- イベント処理 -->
15      <script>
16          // ボタンのオブジェクトを取得する
17          let button = document.getElementById("btn");
18          // ボタンの処理を関数として記述する
19          button.addEventListener("click", function(){
20              // テキストを取得する
21              let input = document.getElementById("name");
22              if(input.value == ""){
23                  window.alert("名前を入力してください");
24              }else{
25                  window.alert("あなたのお名前:" + input.value);
26              }
27          });
28      </script>
29  </body>
30  </html>
```

　ボタンがクリックされたとき、無名関数でテキストボックスに関する処理を行います。テキストボックスに「name」という id を付け、このオブジェクトを input 変数に代入し、input.value の値が空文字（""）かどうかで処理を変えています。

③ 練習問題

　　▶　正解は 335 ページ

✎ 問題 5-1 ★☆☆

例題 5-1 の答え「example5-1.html」（192 ページ）を次のように変更しなさい。
なお、作成するファイル名は「prob5-1.html」とすること。

- h1 タグによる表題を「最小値を求める関数」に変更する
- 2 つの数値の最小値を返す maxNumber 関数を、最小値を返す minNumber 関数に変更する
- minNumber 関数を利用して 11 と 16 のうち、最小の数を返す処理に変更する

● 期待される実行結果

✎ 問題 5-2 ★☆☆

引数として渡した整数の数だけ、<p>HelloJavaScript</p> という文字列を document.
write を用いて出力する hellos 関数を作りなさい。また、hellos 関数を使って、次の実

行結果のように3回「HelloJavaScript」という文字列を表示させなさい。

　なお、ファイル名は「prob5-2.html」とすること。

● **期待される実行結果**

 問題 5-3

例題5-2の答え「example5-2.html」(206ページ)を利用して、次の表を作りなさい。
なお、ファイル名は「prob5-3.html」とすること。

● **期待される実行結果**

6日目

オブジェクトと
クラス

1 オブジェクトとクラス

- ▶ オブジェクトについて理解する
- ▶ クラスの概念について学ぶ
- ▶ JavaScriptのさまざまなクラスについて学ぶ

1-1 ユーザー定義オブジェクト

- オブジェクトについて学ぶ
- 連想配列とオブジェクトの関係を学ぶ
- メソッド・プロパティの追加と削除を行う

● ユーザー定義オブジェクトとは何か

JavaScriptはオブジェクト指向言語であり、ここまでdocument、console、window など、JavaScriptにあらかじめ用意されたビルトインオブジェクトに対して操作を行ってきました。6日目では、独自のオブジェクトを作る方法について学びます。

◉ ユーザー定義オブジェクトを作る

ユーザーが作る独自のオブジェクトを**ユーザー定義オブジェクト**といいます。ユーザー定義オブジェクトの書式は次のとおりです。

● ユーザー定義オブジェクトの書式

```
// オブジェクトの作成
let オブジェクト名 = {
    // プロパティを定義（必要な数だけ）
    プロパティ名:値,
        ⋮
    // メソッドを定義（必要な数だけ）
    メソッド名:function(引数1, 引数2, …){
        ⋮
    }
};
```

　オブジェクトは、{ } 内に属するプロパティとメソッドを必要な数だけ定義していきます。**プロパティ名と値、もしくはメソッド名とメソッドの定義の間は「:」で区切ります**。プロパティやメソッドが複数ある場合、「,」で区切ります。生成したオブジェクトは**変数に代入し、変数名がオブジェクト名になります**。

◎ 簡単なオブジェクトを作ってみる

　では、実際に簡単なオブジェクトを生成して利用してみることにしましょう。「chapter6」フォルダーを作り、次のサンプルを入力・実行してみてください。

sample6-1.html

```
01  <!DOCTYPE html>
02  <html>
03  <head>
04      <title>sample6-1</title>
05      <meta charset="UTF-8">
06  </head>
07  <body>
08      <h1>オブジェクトのサンプル（1）</h1>
09      <script>
10          // オブジェクトの定義
11          let person = {
12              // プロパティ
13              name:"",
14              age:0,
15              // メソッド
16              information:function(){
17                  return "名前:" + this.name + " 年齢:" + this.age;
18              }
19          }
```

```
20          //  プロパティの値を代入
21          person.name = "山田太郎";
22          person.age = 18;
23          //  情報の表示
24          let info = person.information();
25          document.write("<p>" + info + "</p>");
26      </script>
27  </body>
28  </html>
```

● 実行結果

◎ 生成したオブジェクトの内容

　11〜19行目で、personという名前のオブジェクトを生成しています。このオブジェクトは2つのプロパティ（name、age）と、1つのメソッド（information）から成り立っています。プロパティは、次の処理によりそれぞれ初期化されます。

● プロパティの初期化

```
name:"",
age:0,
```

　" " は空文字といって、中に何もデータがない文字列を意味しています。初期化により、personオブジェクトが生成されると同時に、nameプロパティに空文字が、ageプロパティに数字の0が代入されます。

● calcオブジェクトの最初の状態

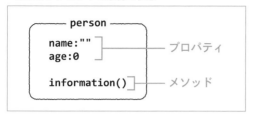

21、22 行目で、プロパティの値を変更しています。

● プロパティの値を変更

```
person.name = "山田太郎";
person.age = 18;
```

● personオブジェクトのプロパティの値を更新

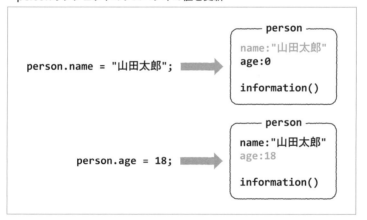

　プロパティは「オブジェクト名 . プロパティ名」で呼び出します。このサンプルのオブジェクト名は person なので、name プロパティと age プロパティへのアクセスは person.name、person.age となります。

◉ メソッドの呼び出し
　次にメソッドの呼び出しを見てみましょう。24 行目で information メソッドを呼び出しています。

- informationメソッドの呼び出し

```
let info = person.information();
```

information メソッドは、person オブジェクトが持つ人物の情報を文字列として得ることができるメソッドです。

- informationメソッドの処理

```
information:function(){
    return "名前:" + this.name + " 年齢:" + this.age;
}
```

メソッドの記述方法は、無名関数の定義と同じく function のあとに処理を記述します。引数がある場合は、function のあとの ( ) 内に記述します。また return で戻り値を返すことができる点も関数と一緒です。

◉ thisキーワード

次に、メソッドの中身の処理を詳しく見てみましょう。17 行目にある「this」は一体何を意味するのでしょうか？

this は、オブジェクトが自分自身を指す名前、いわばオブジェクトの「一人称」です。このオブジェクトには person という名前があり、外部からプロパティなどにアクセスする場合は、「person.」を付けます。しかし、**オブジェクトの内部のメソッドで、自分自身が持つプロパティやほかのメソッドを呼び出すときには、先頭に自分自身のオブジェクトを表す「this」を付けます**。

例えば、あなたの名前が加藤である場合、友人があなたを「加藤さん」と呼ぶのに対し、自分自身のことは「私は」「自分は」と呼ぶのと同じようなものだと考えるとわかりやすいでしょう。

つまり「this.name」と「this.age」は、person オブジェクトの name プロパティと age プロパティを指します。

- thisキーワードの働き

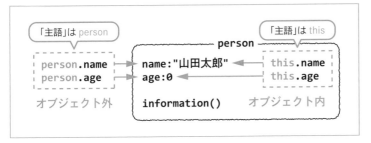

重要　this は、オブジェクトが自分自身を指すキーワードです。

● informationメソッドの働き

information メソッドの働きをまとめると次のとおりです。

- informationメソッドの処理の流れ

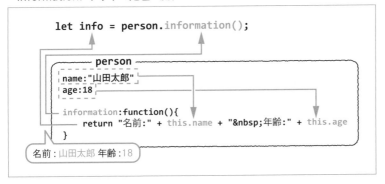

this.name の値が「山田太郎」、this.age が「18」なので、return の戻り値として「名前：山田太郎 年齢：18」という文字列が得られます。information メソッドで得られた文字列は、変数 info に代入されます。

最後に 25 行目の document.write で変数 info が表示されます。

プロパティやメソッドの追加・削除

　ここまでの解説を読んできて、「どうもこのオブジェクトというのは、連想配列に似ているな」と思われた方もいるのではないでしょうか。実は、**4日目で解説した連想配列はオブジェクトのことだったのです**。オブジェクトの使い方にはさまざまなものがありますが、最初に連想配列として使う方法を紹介しました。

◉ オブジェクトの正体

　JavaScriptという言語を理解するときのポイントは、「オブジェクト＝連想配列」と考えると非常にわかりやすいのです。連想配列は、「キー：要素」の組み合わせでデータを管理するという仕組み、だということはすでに説明しました。**要素は数字や文字列だけではなく、オブジェクトも含まれます**。

◉ メソッドの正体

　また、5日目で「関数とメソッドが似ている」という話をしました。**JavaScriptのオブジェクトが持つメソッドは、連想配列の要素として関数（無名関数）が与えられたものなのです**。なぜなら、関数もオブジェクトの一種なので、連想配列の要素として与えることができるからです。また、当然のことながらオブジェクトがほかのオブジェクトを値として持つことも可能です。

重要

　　　オブジェクトが持つ関数のことをメソッドと呼びます。

◉ 空のオブジェクトの追加

　試しに「sample6-1.html」と同じオブジェクトを、コンソールで作りながら学んでいきましょう。まずは空のオブジェクトを作り、そこにプロパティやメソッドを追加するところから作業を進めます。

　「sample6-1.html」をWebブラウザで実行中の場合、「sample6-1.html」のオブジェクトの情報が残っているため、Webブラウザを再起動するか、新しいタブでデベロッパーツールを開き、次の処理を実行してください。

sample6-2
```
01 let person = {};
```

この処理は、**プロパティ・メソッドが一切定義されていない、空のオブジェクト person を作成していることを意味します**。

● 空のオブジェクトの生成

本当に空のオブジェクトができたのかを確認するために、次の処理を実行してみましょう。

sample6-3
```
01  person;
```

● 実行結果
```
{}
```

実行結果に「{ }」が出力されます。これは **person オブジェクトの中身が空であることを表しています**。この空のオブジェクトに、プロパティとメソッドを追加していきましょう。

● プロパティの追加

空のオブジェクトにプロパティを追加し、中身が追加されたかを確認してみましょう。

sample6-4
```
01  person.name = "山田太郎";
02  person;
```

● 実行結果
```
{name: '山田太郎'}
```

空のオブジェクトだった person に、name プロパティが追加されました。そして、その値は「山田太郎」です。

● nameプロパティを追加

次は age プロパティを追加してみましょう。

sample6-5
```
01  person.age = 18;
02  person;
```

● 実行結果
```
{name: '山田太郎', age: 18}
```

● ageプロパティを追加

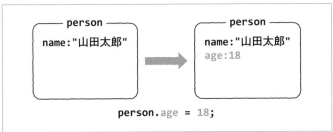

◉ メソッドの追加
プロパティが追加されたので、続いてメソッドを追加してみましょう。

sample6-6
```
01  person.information = function(){
02      return "名前は" + this.name + "、年齢は" + this.age + "歳";
03  };
```

● 実行結果

```
f (){
    return "名前は" + this.name + "、年齢は" + this.age + "歳";
}
```

f()は関数を表しており、information というキーに対し、無名関数が追加されました。中身を確認すると次のようになります。

sample6-7
```
01  person;
```

● 実行結果
```
{name: '山田太郎', age: 18, information: f}
```

「information: f」となっていることから、information プロパティに無名関数オブジェクト、つまりメソッドが追加されたことがわかります。

● informationメソッドを追加

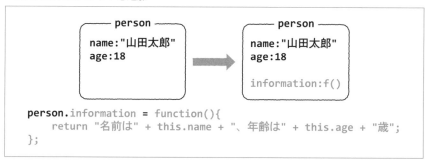

せっかくメソッドを追加したので、実行して期待どおりの結果が得られるかを確かめてみましょう。

sample6-8
```
01  console.log(person.information());
```

● 実行結果
名前は山田太郎、年齢は18歳

information メソッドでは、this.name と this.age でそれぞれ自分のオブジェクト内のプロパティを取得しているので、このように出力されます。

◉ メソッド・プロパティの削除

オブジェクトのメソッド・プロパティは削除することができます。オブジェクトのメソッドもしくはプロパティを削除する際には、delete 演算子を用います。

書式は次のとおりになります。

● delete演算子の書式
```
delete オブジェクト名.キー名
```

キー名の部分には、削除したいメソッド名、もしくはプロパティ名を入れてください。**この方法は、すでに学習した連想配列のキーと要素の組み合わせの削除と同じであることがわかります。**

試しに information メソッドを削除してみることにしましょう。

sample6-9
```
01 delete person.information;
02 person;
```

● 実行結果
```
{name: '山田太郎', age: 18}
```

「information: f」が消えているため、information メソッドが削除されたことがわかります。

● informationメソッドを削除

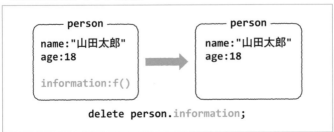

さらに age プロパティを削除してみましょう。

sample6-10
```
01  delete person.age;
02  person;
```

● 実行結果

{name: '山田太郎'}

実行結果からわかるとおり、name プロパティしか残っていません。

● ageプロパティを削除

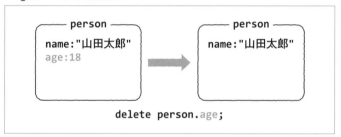

delete person.age;

　このことから age プロパティが削除されたことがわかります。このように、JavaScript のプロパティやメソッドは自由に追加・削除することができます。**また、メソッドも関数を上書きすることによってその内容を書き換えることも可能です。**メソッドを上書きする場合には、すでに定義されている同名の変数に別の関数を代入すればよいのです。

重要

・オブジェクトのプロパティやメソッドは自由に追加・削除ができる
・オブジェクトのメソッドは上書きできる

例題 6-1 ★ ☆ ☆

次のサンプルは、2つの数値の計算（加算・減算）を行う calc オブジェクトで、a プロパティ、b プロパティの加算と減算を行うプログラムです。このオブジェクトに、乗算、除算を行うメソッドを追加し、その計算結果も出力するようにしなさい。

example6-1.html（変更前）

```
01  <!DOCTYPE html>
02  <html>
03  <head>
04      <title>example6-1</title>
05      <meta charset="UTF-8">
06  </head>
07  <body>
08      <h1>計算オブジェクト</h1>
09      <script>
10          // オブジェクトの定義
11          let calc = {
12              // プロパティ
13              a:0,
14              b:0,
15              // 加算メソッド
16              add:function(){
17                  let ans = this.a + this.b;
18                  return ans;
19              },
20              // 減算メソッド
21              sub:function(){
22                  let ans = this.a - this.b;
23                  return ans;
24              }
25          }
26          // 計算処理
27          calc.a = 10;
28          calc.b = 5;
29          document.write("<p>a=" + calc.a + "</p>");
30          document.write("<p>b=" + calc.b + "</p>");
31          document.write("<p>a+b=" + calc.add() + "</p>");
32          document.write("<p>a-b=" + calc.sub() + "</p>");
33      </script>
34  </body>
35  </html>
```

● 期待される実行結果

 解答例と解説

　メソッドの追加方法は2つあります。1つはcalcオブジェクトの定義に、乗算メソッド（mul）と除算メソッド（div）を追加する方法です。

解答例①（example6-1_1.html）

```
01  <!DOCTYPE html>
02  <html>
03  <head>
04      <title>example6-1</title>
05      <meta charset="UTF-8">
06  </head>
07  <body>
08      <h1>計算オブジェクト</h1>
09      <script>
10          //  オブジェクトの定義
11          let calc = {
12              //  プロパティ
13              a:0,
14              b:0,
15              //  加算メソッド
16              add:function(){
17                  let ans = this.a + this.b;
18                  return ans;
19              },
```

```
20        //  減算メソッド
21        sub:function(){
22            let ans = this.a - this.b;
23            return ans;
24        },
25        //  乗算メソッド
26        mul:function(){
27            let ans = this.a * this.b;
28            return ans;
29        },
30        //  除算メソッド
31        div:function(){
32            let ans = this.a / this.b;
33            return ans;
34        }
35     }
36     //  計算処理
37     calc.a = 10;
38     calc.b = 5;
39     document.write("<p>a=" + calc.a + "</p>");
40     document.write("<p>b=" + calc.b + "</p>");
41     document.write("<p>a+b=" + calc.add() + "</p>");
42     document.write("<p>a-b=" + calc.sub() + "</p>");
43     document.write("<p>a×b=" + calc.mul() + "</p>");
44     document.write("<p>a÷b=" + calc.div() + "</p>");
45     </script>
46  </body>
47  </html>
```

calc オブジェクトに mul メソッドと div メソッド（25 〜 34 行目）を追加し、最後に乗算と除算を出力する部分を追加すれば完成です。

　もう 1 つの方法は、オブジェクトを定義したあと、新たにメソッドを追加します。

解答例②（example6-1_2.html 抜粋）

```
10        //  オブジェクトの定義
11        const calc = {
12            //  プロパティ
13            a:0,
14            b:0,
15            //  加算メソッド
16            add:function(){
17                let ans = this.a + this.b;
```

```
18          return ans;
19      },
20      //  減算メソッド
21      sub:function(){
22          let ans = this.a - this.b;
23          return ans;
24      }
25  }
26  //  メソッドの追加
27  calc.mul = function(){
28      let ans = this.a * this.b;
29          return ans;
30  }
31  calc.div = function(){
32      let ans = this.a / this.b;
33          return ans;
34      }
```

1-2 クラス

POINT

- 複数の同一オブジェクトを作るときの問題点を理解する
- クラスとオブジェクトの概念を学ぶ
- 複数のオブジェクトを管理する方法を学ぶ

● オブジェクトとクラス

オブジェクトを使用するとデータの保存や管理、それを使った処理などをプログラムで記述する処理が簡単になります。しかし、問題がないわけではありません。それは同一のオブジェクトを複数作る場合です。そのようなときに役に立つのが、**クラス（class）** という概念の利用です。

◉ 複数のオブジェクト

「sample6-1.html」で作った person オブジェクトを利用すれば、会社の社員名簿のような複数の人のデータを管理するプログラムが簡単に作れそうです。

次のサンプルは「sample6-1.html」で作った person オブジェクトを複数作ったものです。

sample6-11.html

```
01  <!DOCTYPE html>
02  <html>
03  <head>
04      <title>sample6-11</title>
05      <meta charset="UTF-8">
06  </head>
07  <body>
08      <h1>オブジェクトのサンプル（2）</h1>
09      <script>
10          // オブジェクトの定義
11          let person1 = {
12              // プロパティ
13              name:"",
14              age:0,
```

```
15              //   メソッド
16              information:function(){
17                  return "名前:" + this.name + " 年齢:" + this.age;
18              }
19          }
20          let person2 = {
21              //   プロパティ
22              name:"",
23              age:0,
24              //   メソッド
25              information:function(){
26                  return "名前:" + this.name + " 年齢:" + this.age;
27              }
28          }
29          //   person1のプロパティの値を代入
30          person1.name = "山田太郎";
31          person1.age = 18;
32          //   person2のプロパティの値を代入
33          person2.name = "佐藤花子";
34          person2.age = 17;
35          //   情報の表示
36          document.write("<p>" + person1.information() + "</p>");
37          document.write("<p>" + person2.information() + "</p>");
38      </script>
39  </body>
40  </html>
```

- **実行結果**

このサンプルでは山田太郎さん、佐藤花子さんの情報を管理するオブジェクト person1、person2 を作っています。**どちらのオブジェクトも同じ構造をしており、非効率的です。**

例えば、住所録のようなアプリを作る際、同じオブジェクトを複数作ることがあり

ます。このサンプルでは2つですが、実際にはもっとたくさんのオブジェクトを必要とします。そのような場合、その数だけ同じ処理を記述しなくてはならないことになり、大変不便です。

◎ クラスとは何か

そういったときに便利なのが、<u>クラス（class）を利用することです。**クラスはオブジェクトの設計図にあたり、クラスを定義すれば、同じ構造を持つオブジェクトをいくつでも作ることができます。**</u>

試しに「sample6-11.html」と同じ処理を行うプログラムを、クラスを使って作ってみることにします。

sample6-12.html

```
01  <!DOCTYPE html>
02  <html>
03  <head>
04      <title>sample6-12</title>
05      <meta charset="UTF-8">
06  </head>
07  <body>
08      <h1>クラスのサンプル（1）</h1>
09      <script>
10          //  クラスの定義
11          class Person{
12              //  コンストラクタ
13              constructor(name, age){
14                  this.name = name;
15                  this.age = age;
16              }
17              //  メソッド
18              information(){
19                  return "名前:" + this.name + " 年齢:" + this.age;
20              }
21          }
22          //  オブジェクト（インスタンス）を生成
23          person1 = new Person("山田太郎", 18);
24          person2 = new Person("佐藤花子", 17);
25          //  情報の表示
26          let info1 = person1.information();
27          let info2 = person2.information();
28          document.write("<p>" + info1 + "</p>");
29          document.write("<p>" + info2 + "</p>");
```

```
30        </script>
31    </body>
32    </html>
```

● 実行結果

◎ クラスの定義

クラスを利用するにはクラスの定義が必要です。クラスの定義はオブジェクト内で利用するメソッドを必要な数だけ定義することによって行います。

書式は次のようになっています。

● クラスの定義の書式

```
class クラス名{
    メソッド名1(引数1，引数2，…){
        引数の処理
    }
    メソッド名2(引数1，引数2，…){
        引数の処理
    }
    ︙
}
```

「sample6-12.html」の 11 〜 21 行目でクラスを定義しています。Person という名前のクラスで、constructor と information という 2 つのメソッドが定義されています。

用語

クラス（class）
オブジェクトの設計図に該当するもの。同じ構造を持ったオブジェクトを複数作れる

◉ インスタンスの生成

　クラスはあくまでもオブジェクトの設計図に過ぎません。そのため、次にこの設計図をもとにオブジェクトを生成していきます。それを行っているのが、次の処理です。

● インスタンスの生成

```
person1 = new Person("山田太郎", 18);
```

　「new クラス名」で、クラスからオブジェクトを作ることができます。クラスから生成したオブジェクトのことを**インスタンス（instance）**ともいいます。

　この例では、Person クラスのインスタンスを生成し、生成したインスタンス（オブジェクト）を person1 に代入しています。また、person2 についても同様の処理が行われています。

　なお、慣習としてクラス名の先頭は大文字にします。

用語

インスタンス（instance）
クラスによって生成されたオブジェクトの実体のこと

◉ コンストラクタ

　ところで、Person のあとの ( ) に記述された「" 山田太郎 ", 18」は、一体何を意味するのでしょうか？　これは、インスタンスを生成する際、**コンストラクタ（constructor）**に渡す引数を表しています。

　コンストラクタは、インスタンスが生成される際に一度だけ呼び出される特殊なメソッドです。コンストラクタの使用目的は、オブジェクトの初期設定をすることで、主にプロパティの値の初期化などに用いられます。**クラス内で constructor という名前で定義したメソッドはコンストラクタになります。**

　Person クラスのコンストラクタは次のようになっています。

● Personクラスのコンストラクタ

```
constructor(name, age){
    this.name = name;
    this.age = age;
}
```

● コンストラクタの実行時の状態

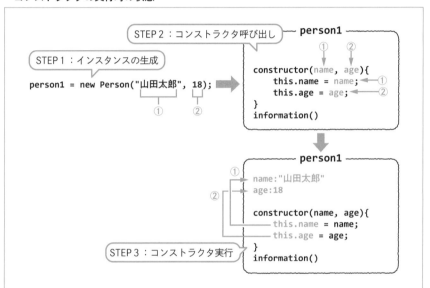

Person クラスのコンストラクタは、引数 name と引数 age を必要としています。インスタンスを生成（STEP1）すると、コンストラクタが呼び出されて ( ) 内に記述されていた " 山田太郎 " は引数 name（①）に、18 は引数 age（②）に代入されます（STEP2）。そして、引数 name の値は this.name つまり name プロパティに、引数 age は this.age つまり age プロパティに代入され、オブジェクト内で保持されることになります（STEP3）。

用語

コンストラクタ（constructor）
クラスからインスタンスを生成する際に一度だけ実行される特殊なメソッド

コンストラクタ以外のメソッドの呼び出し

Person クラスには information メソッドが定義されています。

- Personクラスのinformationメソッド

```
information(){
    return "名前:" + this.name + " 年齢:" + this.age;
}
```

処理内容は「sample6-1.html」の information メソッドと同じです。そのため、次のように呼び出すと、変数info1に「名前:山田太郎 年齢:18」という文字列が代入され、最後に出力されます。

- Personクラスから複数のインスタンスを作る

person1 オブジェクトで処理の流れを説明しましたが、プロパティの値が違うだけで person2 オブジェクトでも同じ処理が行われています。**このようにクラスを定義すれば同様のオブジェクトを複数作ることができます。**

複数のオブジェクトを管理する

クラスを使えば、同じ構造を持つオブジェクトを作れることを学びました。ただ、それを管理する変数は person1、person2、……と個々に用意しなくてはなりません。変数が2つしかない場合はこれでもよいかもしれませんが、変数の数が10個、100個と多くなると大変です。

- オブジェクトの数だけメソッドを呼び出す必要がある

```
let info1 = person1.information();
let info2 = person2.information();
      ⋮
let info100 = person100.information();
      ⋮
```

オブジェクトの数だけ
記述する必要がある

◉ 配列で複数のオブジェクトを管理する

オブジェクトの数が多いときに利用すると便利なのが、配列を用いてオブジェクトを管理する方法です。次のサンプルは「sample6-12.html」を配列を用いてオブジェクトを管理するように変更したものです。

sample6-13.html
```
01  <!DOCTYPE html>
02  <html>
03  <head>
04      <title>sample6-13</title>
05      <meta charset="UTF-8">
06  </head>
07  <body>
08      <h1>クラスのサンプル（2）</h1>
09      <script>
10          //  オブジェクトの定義
11          class Person{
12              constructor(name, age){
13                  this.name = name;
14                  this.age = age;
15              }
16              //  メソッド
17              information(){
18                  return "名前:" + this.name + " 年齢:" + this.age;
19              }
20          }
21          //  インスタンスを生成し配列に挿入
22          let persons = [];
23          persons.push(new Person("山田太郎", 18));
24          persons.push(new Person("佐藤花子", 17));
25          //  情報の表示
26          persons.forEach(function(person){
27              document.write("<p>" + person.information() + "</p>");
28          });
29      </script>
```

```
30  </body>
31  </html>
```

● 実行結果

◎ 配列にオブジェクトを要素としてを追加する流れ

　配列は数値や文字列のようなデータを扱うばかりではなく、複数のオブジェクトを管理する場合にも有効な方法です。22 行目で persons は、空の配列として定義されています。

● personsの配列の生成

```
let persons = [];
```

● 配列personsを生成した状態

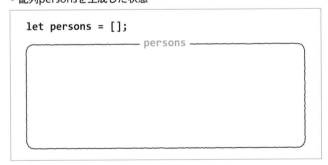

　生成したインスタンスは、配列 persons に push メソッドで追加します。

● personsへのインスタンスの追加

```
persons.push(new Person("山田太郎", 18));
persons.push(new Person("佐藤花子", 17));
```

　最初の push メソッドの処理で、空の配列 persons に、Person クラスのインスタンスが追加されます。配列の最初の要素なので、persons[0] となります。

● 配列personsに最初の値を追加した状態

　2 回目の push メソッドの処理で、さらに persons[1] に該当するインスタンスが追加されます。

● 配列personsに次の値を追加した状態

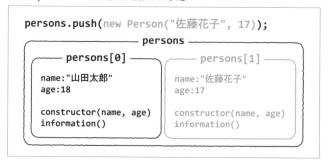

persons[0]、persons[1] という 2 つのオブジェクトができ上がります。

◉ forEachメソッドを使ってインスタンスにアクセス

このように複数のオブジェクトを配列に入れて管理すると、オブジェクトの数だけ変数を用意しなくてもよいというメリットがあります。そのうえ、**これらの配列にアクセスする際に、配列の forEach メソッドが利用できます。**

● forEachメソッドを利用した配列へのアクセス

```
persons.forEach(function(person){
    document.write("<p>" + person.information() + "</p>");
});
```

forEach メソッドを利用することにより、変数 person に persons[0]、persons[1] の値が引数で渡され、document.write で出力されます。

● forEachで配列personsの値へアクセスする

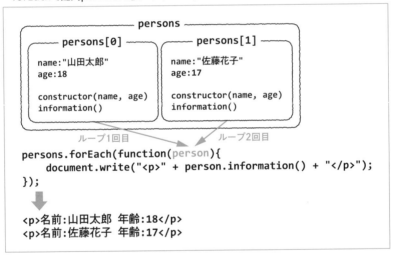

この方法を用いると、**配列の要素が何個あってもこれだけの処理ですべてのオブジェクトにアクセス**できます。

配列を用いると複数のオブジェクトを簡単に管理することができます。

重要

例題 6-2 ★ ☆ ☆

　例題 6-1 の変更前の「example6-1.html」（242 ページ）の calc オブジェクトを、クラスから生成したインスタンスになるように変更しなさい。なお、クラスは以下の条件を満たすようにすること。

- クラス名は Calc とする
- a プロパティ、b プロパティの値はコンストラクタの引数として渡して代入する

 解答例と解説

　Calc クラスを定義し、コンストラクタとして渡した 2 つの引数 a、b をそれぞれ this.a、this.b に代入します。そのあとに add、sub メソッドを追加します。クラスの定義のあと、インスタンスを生成し、変数 calc に代入します。以降の処理はもとのプログラムと変わりません。

example6-2.html

```
01  <!DOCTYPE html>
02  <html>
03  <head>
04      <title>example6-2</title>
05      <meta charset="UTF-8">
06  </head>
07  <body>
08      <h1>計算クラス</h1>
09      <script>
10          // クラスの定義
11          class Calc{
12              // コンストラクタ
13              constructor(a, b){
14                  this.a = a;
15                  this.b = b;
16              }
17              // 加算メソッド
18              add(){
19                  let ans = this.a + this.b;
20                  return ans;
21              }
```

```
22              //  減算メソッド
23              sub(){
24                  let ans = this.a - this.b;
25                  return ans;
26              }
27          }
28          //  計算処理
29          calc = new Calc(10,5);
30          document.write("<p>a=" + calc.a + "</p>");
31          document.write("<p>b=" + calc.b + "</p>");
32          document.write("<p>a+b=" + calc.add() + "</p>");
33          document.write("<p>a-b=" + calc.sub() + "</p>");
34      </script>
35 </body>
36 </html>
```

例題 6-3 ★ ★ ☆

4日目の「sample4-15.html」(158 ページ) のプログラムを次のように変更しなさい。

- 各オブジェクトを生成するためにクラス Staff を定義する
- Staff クラスのプロパティは、名前（name）、年齢（age）、出身地（birthplace）とする
- オブジェクトのプロパティの値はコンストラクタで定義する
- Staff クラスのインスタンスを配列で管理する

解答例と解説

　Staff クラスの引数に、名前（name）、年齢（age）、出身地（birthplace）を与えて、コンストラクタ内でそれぞれプロパティに代入します。

　配列から各オブジェクト（インスタンス）を取得するには、forEach ループを用います。取得されたオブジェクトから、さらに for ～ in ループを使うことによりキー（プロパティ）を取得し、それに該当する値を取得します。

example6-3.html

```
01  <!DOCTYPE html>
02  <html>
03  <head>
04      <title>example6-3</title>
05      <meta charset="UTF-8">
06  </head>
07  <body>
08      <h1>社員データ</h1>
09      <table border="1" style="border-collapse:collapse">
10          <tr>
11              <th>名前</th><th>年齢</th><th>出身地</th>
12          </tr>
13          <script>
14              // Staffクラス
15              class Staff{
16                  constructor(name, age, birthplace){
17                      this.name = name;
18                      this.age = age;
19                      this.birthplace = birthplace;
20                  }
21              }
22              // インスタンスの生成
23              const staff = [];
24              staff.push(new Staff("佐藤", 41, "東京"));
25              staff.push(new Staff("鈴木", 25, "大阪"));
26              staff.push(new Staff("林", 34, "札幌"));
27              // 結果の出力
28              staff.forEach(function(data){
29                  document.write("<tr>");
30                  for(let key in data){
31                      document.write("<td>" + data[key] + "</td>");
32                  }
33                  document.write("</tr>");
34              });
35          </script>
36      </table>
37  </body>
38  </html>
```

1-3 静的なメソッドとプロパティ

- 静的プロパティを理解する
- 静的メソッドを理解する

静的プロパティ

オブジェクトにはプロパティとメソッドがあることはすでに学びましたが、ここからは特殊なプロパティとメソッドである、**静的プロパティ**、**静的メソッド**について学んでいきます。まずは静的プロパティについて学んでいきましょう。

インスタンスプロパティと静的プロパティ

では、ここで出てくる「静的」とはそもそもどういうことなのでしょうか。

ある車種の自動車クラスから生成されたインスタンスがあったとします。その自動車にはスピード、ナンバー、走行距離などのプロパティが存在します。これらのプロパティは、個々の車、つまり個々のインスタンスごとに異なります。個々のインスタンスが持つプロパティは**インスタンスプロパティ**と呼ばれます。**通常、ほとんどのプロパティはインスタンスプロパティであるため、単にプロパティと表現された場合はこちらを指します。**

 インスタンスプロパティ
用語 インスタンスごとに異なる値を持つプロパティ

自動車には、車種や生産台数のような、すべてのインスタンスに共通したプロパティが存在します。そのようなプロパティはインスタンスごとに持つ必要はなく、クラスごとに1つあれば十分です。同じクラス内で共有して使うプロパティを**静的プロパティ**といいます。

用語

静的プロパティ
同じクラス内で共有して使うプロパティ

通常、インスタンスプロパティはインスタンスを生成しないと存在しませんが、**静的プロパティはクラスが定義されていれば、インスタンスが生成されなくても利用できます**。例えば、車が1台も生産されていないときは、生産台数は0です。

● インスタンスプロパティと静的プロパティ

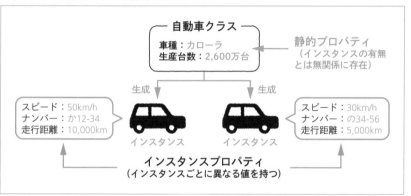

注意

静的プロパティはインスタンスを生成しなくても利用できます。

◉ 静的プロパティの定義と利用

では、静的プロパティを定義する方法を紹介します。静的プロパティは、**変数の先頭に static というキーワードを付け、メソッドの外で定義します**。

● 静的プロパティの定義
```
class クラス名{
    static 変数名 = 初期値;
        ⋮
}
```

また、静的プロパティの値を変更したり、参照したりする場合は、次のようにします。

● 静的プロパティへのアクセス

クラス名.変数名

◉ 静的プロパティを作ってみる

では実際に、静的プロパティを使ったサンプルを作ってみましょう。自動車を例に静的プロパティを説明したので、こちらのサンプルも自動車クラスで説明してみましょう。

sample6-14.html

```
01  <!DOCTYPE html>
02  <html>
03  <head>
04      <title>sample6-14</title>
05      <meta charset="UTF-8">
06  </head>
07  <body>
08      <h1>静的プロパティのサンプル</h1>
09      <script>
10          // 静的プロパティを持つクラス
11          class Car{
12              // 生産台数（静的プロパティ）
13              static number = 0;
14              // コンストラクタ
15              constructor(){
16                  // 生産台数を増やす（①）
17                  Car.number++;
18                  // 製造番号を設定（②）
19                  this.serial = Car.number;
20              }
21              // 製造番号の取得
22              getSerial(){
23                  return this.serial;
24              }
25          }
26          // 生産台数の表示
27          document.write("<p>自動車の生産台数:" + Car.number + "</p>");
28          // 自動車クラスのインスタンスの生成
29          car1 = new Car();
30          car2 = new Car();
31          // 情報の表示
32          document.write("<p>car1のシリアル番号:" + car1.getSerial() + "</p>");
```

```
33      document.write("<p>car2のシリアル番号:" + car2.getSerial() +
     "</p>");
34      //  生産台数の表示
35      document.write("<p>自動車の生産台数:" + Car.number + "</p>");
36    </script>
37  </body>
38  </html>
```

• **実行結果**

◉ 静的プロパティの定義

「sample6-14.html」では 11 〜 25 行目で Car クラスを定義しています。Car クラスには、number という静的プロパティが定義され、0 で初期化されます。

• **静的プロパティnumberの定義と初期化**

```
static number = 0;
```

先頭に static が付いていることから、number という変数が静的プロパティであることがわかります。また、0 が代入されていることから、プログラムが実行されると初期値として 0 が代入されます。この値は自動車の生産台数を表すために利用します。

- インスタンス生成時の静的プロパティ

◉ クラスの外部から静的プロパティの値を取得する

クラスの定義のあと、静的プロパティ number の値を出力しています。

- 自動車の生産台数の取得

```
document.write("<p>自動車の生産台数:" + Car.number + "</p>");
```

クラス名が Car なので、Car.number で値を取得できます。<u>また、この時点では
Car クラスのインスタンスは生成されていませんが、それでもこの値を取得できます。</u>
この状態では Car.number の値は 0 なので、「自動車の生産台数 :0」と表示されます。

◉ コンストラクタの処理

製造された自動車は、それぞれ固有の製造番号（シリアル番号）を持つものとします。
値として、その車が何台目に製造されたかを示す数値を代入するものとします。例え
ば、1 台目に生産された車であれば 1、2 台目であれば 2、といった具合です。

生産台数や製造番号を設定する処理は、Car クラスのコンストラクタに持たせるの
がふさわしいでしょう。Car クラスのインスタンスを生成する際、Car のあとの ( )
には何も値を入れません。<u>理由は Car クラスのコンストラクタは引数を必要としない
からです。</u>

- car1のインスタンスの生成

```
car1 = new Car();
```

次にコンストラクタの中身を見てみましょう。

● コンストラクタの処理

```
constructor(){
    // 生産台数を増やす（①）
    Car.number++;
    // 製造番号を設定（②）
    this.serial = Car.number;
}
```

constructor のあとの ( ) には変数がありません。これが、このコンストラクタが引数を必要としない理由です。

重要　コンストラクタの引数は省略することができます。

コンストラクタでは静的プロパティ Car.number の値に 1 を足し（①）、その値をプロパティ serial に代入（②）しています。**静的プロパティは、クラス内で呼び出す際にも、クラス外から呼び出す際にも、「クラス名 . 変数名」となります**。また、serial の先頭に「this.」が付いていることから、このプロパティがインスタンスプロパティであることがわかります。

● car1生成時の静的プロパティとインスタンスプロパティ

```
car1 = new Car();
```
┌──────── Car ────────┐
  number = 1 ← Car.number++; ①
  ┌─ car1 ─┐   Car.number = 1
   serial = 1   car1.serial = 1
  └────────┘ this.serial = Car.number; ②
└─────────────────────┘

「Car.number」は静的プロパティであるためクラスに対し 1 つしかないため、インスタンスを生成するたびに、値が 1、2、…と増えていきます。この値はプロパティ serial に代入されます。そのため、car1.serial は 1、car2 の serial は 2 となります。

● car2生成時の静的プロパティとインスタンスプロパティ

```
car2 = new Car();
        ┌──── Car ────┐
        │   number = 2 ←──┐         Car.number = 2
        ┌─ car1 ─┐ ┌─ car2 ─┐ ①      car1.serial = 1
        │serial = 1│ │serial = 2│        car2.serial = 2
        └────────┘ └────────┘ ②
```

◉ クラスの外部から静的プロパティを呼び出す

　car1 オブジェクト、car2 オブジェクトの getSerial メソッドを用いて、異なる値が得られることが確認できます。また、最後に再び Car.number の値を取得し、その値を確認しています。今度は「自動車の生産台数 :2」と出力されるので、2 回インスタンスを生成したことにより、初期値が 0 だった Car.number が 2 になったことがわかります。

● 静的メソッドの定義と利用

　静的プロパティに続き、静的メソッドを定義し利用してみましょう。

　静的メソッドは、静的プロパティと同様クラスに対し 1 つしか存在しないメソッドのことをいいます。静的プロパティの場合と同様に、メソッド名の前に static を付ければ、そのメソッドは静的メソッドになります。

● 静的メソッドの定義

```
class クラス名{
    static 静的メソッド名(引数1, 引数2,…){

    }
    ︙
}
```

　これに対し、従来のインスタンスを生成して利用するメソッドは**インスタンスメソッド**と呼びます。通常はメソッドといえばインスタンスメソッドを指します。

　また、静的メソッドを呼び出す場合には、先頭に「クラス名 .」を付けます。

● **静的メソッドの呼び出し**
クラス名.メソッド名(引数1，引数2,…)

　静的プロパティは、インスタンスが生成されていない場合も利用できましたが、これは静的メソッドの場合でも変わりません。

重要

静的メソッドはインスタンスを生成しなくても利用することができます。

◉ 静的メソッドを使ったサンプル

　静的メソッドの使い方を理解するために、静的メソッドを使って「sample6-14.html」と同じ処理をするサンプルを作ってみましょう。

sample6-15.html

```
01  <!DOCTYPE html>
02  <html>
03  <head>
04      <title>sample6-15</title>
05      <meta charset="UTF-8">
06  </head>
07  <body>
08      <h1>静的メソッドのサンプル</h1>
09      <script>
10          // 静的プロパティを持つクラス
11          class Car{
12              // 生産台数（静的プロパティ）
13              static number = 0;
14              // コンストラクタ
15              constructor(){
16                  // 生産台数を増やす（①）
17                  Car.number++;
18                  // 製造番号を設定（②）
19                  this.serial = Car.number;
20              }
21              // 製造番号の取得
22              getSerial(){
23                  return this.serial;
24              }
25              // 静的メソッド（生産台数の取得）
26              static getNumber(){
```

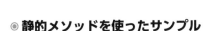

```
27              return "自動車の生産台数:" + Car.number;
28          }
29      }
30      //  生産台数の表示
31      document.write("<p>" + Car.getNumber() + "</p>");
32      //  自動車クラスのインスタンスの生成
33      car1 = new Car();
34      car2 = new Car();
35      //  情報の表示
36      document.write("<p>car1のシリアル番号:" + car1.getSerial() +
    "</p>");
37      document.write("<p>car2のシリアル番号:" + car2.getSerial() +
    "</p>");
38      //  生産台数の表示
39      document.write("<p>" + Car.getNumber() + "</p>");
40  </script>
41 </body>
42 </html>
```

● 実行結果

◉ **静的メソッドの定義**

このサンプルでは getNumber メソッドが定義（26 〜 28 行目）されています。

● getNumberメソッドの定義

```
static getNumber(){
    return "自動車の生産台数:" + Car.number;
}
```

メソッド名の先頭に「static」が付いていることから、このメソッドが静的メソッドであることがわかります。これを呼び出しているのが次の処理です。

● getNumberメソッドの呼び出し

```
document.write("<p>" + Car.getNumber() + "</p>");
```

getNumber は Car クラスのメソッドなので、「Car.getNumber()」として呼び出していることがわかります。最初に呼び出した場合には Car クラスのインスタンスは生成されていませんが、このメソッドが静的メソッドであることから呼び出すことができます。

◎ 静的メソッドを利用するときの注意点

静的プロパティや静的メソッドを利用する際、注意をしなくてはならない点があります。インスタンスメソッドは、自分自身のインスタンスが持つインスタンスプロパティ・静的プロパティどちらも利用することができます。また、インスタンスメソッドから静的メソッド、同一インスタンス内のほかのインスタンスメソッドを呼び出すことも可能です。しかし、静的メソッドの中では静的プロパティは利用できても、インスタンスプロパティは利用できません。なぜなら静的メソッドはインスタンスを生成せずとも利用できるのに対し、インスタンスプロパティはインスタンスが存在しない状態では利用できないからです。複数インスタンスがある場合、「this. 変数名」というように記述したとしても、それは一体どのインスタンスが持つインスタンスプロパティかわかりません。同様の理由で、静的メソッドからインスタンスメソッドを呼び出せません。

注意

静的メソッドの中でインスタンスメソッドやインスタンスプロパティは利用できません。

2 練習問題

▶ 正解は 338 ページ

 ✎ 問題6-1 ★ ☆ ☆

次のサンプルを指示に従って変更しなさい。

- オブジェクト（インスタンス）を Country クラスから生成する
- プロパティの初期設定は Country クラスのコンストラクタで行う
- information メソッドの定義は Country クラスで行う

なお、動作の結果は変わらないようにすること。

prob6-1.html（変更前）

```
01  <!DOCTYPE html>
02  <html>
03  <head>
04      <title>prob6-1</title>
05      <meta charset="UTF-8">
06  </head>
07  <body>
08      <h1>国の情報</h1>
09      <script>
10          // 国の情報
11          let country = {
12              // 国名
13              name:"",
14              // 人口
15              population:0.0,
16              // 首都
17              capital:"",
```

```
18              //  メソッド
19              information:function(){
20                  return this.name + "の人口は" + this.population + "億
    人、" + "首都は" + this.capital;
21              }
22          }
23          //  プロパティの値を代入
24          country.name = "日本";
25          country.population = 1.2;
26          country.capital="東京";
27          //  情報の表示
28          let info = country.information();
29          document.write("<p>" + info + "</p>");
30      </script>
31  </body>
32  </html>
```

● 実行結果

問題 6-2 ★ ☆ ☆

次のサンプルを指示に従って変更しなさい。

- オブジェクトを配列 companies で管理する
- 最後の情報の表示部分は、companies の forEach ループで出力する

なお、動作の結果は変わらないようにすること。

prob6-2.html（変更前）

```
01  <!DOCTYPE html>
02  <html>
03  <head>
04      <title>prob6-2</title>
05      <meta charset="UTF-8">
06  </head>
07  <body>
08      <h1>会社情報</h1>
09      <script>
10          // 会社の情報クラス
11          class Company{
12              // コンストラクタ
13              constructor(name, address, business){
14                  this.name = name;
15                  this.address = address;
16                  this.business = business;
17              }
18              information(){
19                  return this.name + "(" + this.address + "):" + this.business;
20              }
21          }
22          // インスタンスの生成
23          company1 = new Company("日本工業", "東京都荒川区", "製造業");
24          company2 = new Company("大阪観光", "大阪市港区", "観光業");
25          company3 = new Company("名古屋建設", "愛知県名古屋市", "建設業");
26          // 情報の表示
27          let info1 = company1.information();
28          document.write("<p>" + info1 + "</p>");
```

```
29        let info2 = company2.information();
30        document.write("<p>" + info2 + "</p>");
31        let info3 = company3.information();
32        document.write("<p>" + info3 + "</p>");
33    </script>
34  </body>
35  </html>
```

● 実行結果

6日目
オブジェクトとクラス

M E M O

7日目

継承／DOM

1 継承

📄
- ▶ クラスの継承の概念を理解する
- ▶ オーバーライドの概念を理解する

1-1 継承

POINT 📌

- 継承の概念を理解する
- オーバーライドの概念を理解する

● 継承とは

6日目でオブジェクトとクラスの概念について理解しました。ここからはその応用として、<u>継承（けいしょう）</u>の概念について学習しましょう。

◎ 継承の考え方

自動車といえば、通常は乗用車を想像してしまうかもしれませんが、自動車といってもさまざまな種類があります。例えば、警察車両であるパトカー、荷物を運ぶトラック、さらに緊急車両である救急車などがあります。それらは「自動車」でありながら、それぞれの機能に応じた独自の拡張がなされています。

<u>基本となるクラスの性質を受け継ぎ、独自の拡張をすることを、オブジェクト指向では、継承と呼びます</u>。そして、継承のもととなるクラスを**スーパークラス**、スーパークラスの機能を継承し、独自の機能を実装したクラスを**サブクラス**と呼びます。

前述の自動車の例では、車クラスがスーパークラス、トラックや救急車などがサブクラスに該当します。

● 継承のイメージ

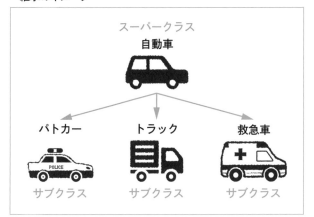

スーパークラス
自動車

パトカー　　　トラック　　　救急車

サブクラス　　サブクラス　　サブクラス

用語

継承（けいしょう）
あるクラスの機能を受け継いだ新しいクラスを作ること
スーパークラス
継承する際のもとになるクラス
サブクラス
スーパークラスを受け継いで作った新しいクラス

サブクラスを定義する

継承はサブクラスを定義することによって実現します。定義方法は次のとおりです。

● サブクラスの定義

```
class サブクラス名 extends スーパークラス名{
    サブクラスの実装
}
```

このようにして実装したサブクラスは、スーパークラスの機能を受け継いだうえに、サブクラスに実装した機能を利用できます。

継承の実装例

では実際に、継承の例を見てみることにしましょう。「chapter7」フォルダーを作り、次のサンプルを入力・実行してみてください。

sample7-1.html

```
01  <!DOCTYPE html>
02  <html>
03  <head>
04      <title>sample7-1</title>
05      <meta charset="UTF-8">
06  </head>
07  <body>
08      <h1>継承のサンプル（1）</h1>
09      <ul id="studentlist">
10      </ul>
11      <script>
12          // クラスの定義
13          class Calc{
14              // コンストラクタ
15              constructor(a, b){
16                  this.a = a;
17                  this.b = b;
18              }
19              // 加算メソッド
20              add(){
21                  let ans = this.a + this.b;
22                  return ans;
23              }
24              // 減算メソッド
25              sub(){
26                  let ans = this.a - this.b;
27                  return ans;
28              }
29          }
30          // サブクラスの定義
31          class ExCalc extends Calc{
32              // 乗算メソッド
33              mul(){
34                  let ans = this.a * this.b;
35                  return ans;
36              }
37              // 除算メソッド
38              div(){
39                  let ans = this.a / this.b;
40                  return ans;
41              }
42          }
43          // 計算処理
```

278

```
44        calc = new ExCalc(10,5);
45        document.write("<p>a=" + calc.a + "</p>");
46        document.write("<p>b=" + calc.b + "</p>");
47        document.write("<p>a+b=" + calc.add() + "</p>");
48        document.write("<p>a-b=" + calc.sub() + "</p>");
49        document.write("<p>a×b=" + calc.mul() + "</p>");
50        document.write("<p>a÷b=" + calc.div() + "</p>");
51      </script>
52  </body>
53  </html>
```

● 実行結果

13 〜 29 行目で、Calc クラスを定義しています。コンストラクタで 2 つの引数 a、引数 b をそれぞれ同名のプロパティに与えて初期化しています。また、メソッドとしては a プロパティ、b プロパティの和を返す add、差を返す sub が定義されています。

その次に 31 〜 42 行目で、Calc をスーパークラスとするサブクラス ExCalc を定義しています。**ExCalc クラスは、Calc クラスのサブクラスであるため、Calc クラスのプロパティ（this.a、this.b）とメソッド（add、sub）を受け継いでいます**。

さらに、ExCalc クラスに this.a と this.b の乗算を行う mul と、除算を行う div メソッドが定義されています。そのため、ExCalc クラスのインスタンスを生成すると、this.a と this.b の加減乗除の演算が可能となります。

● スーパークラスとサブクラスの関係

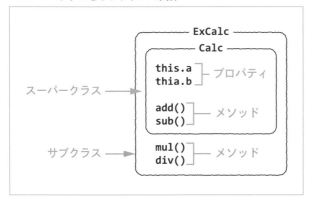

　サブクラスはスーパークラスのプロパティやメソッドを受け継ぐとともに、自分自身のクラス内で定義されたプロパティやメソッドを使うことができます。

● オーバーライド

　サブクラスのインスタンスから、スーパークラスに定義したメソッドを呼び出せます。しかし、**サブクラスとスーパークラスで処理を変えたい場合があります**。その際に便利なのが、**オーバーライド（override）** と呼ばれる仕組みです。**オーバーライドとは、サブクラスでスーパークラスのメソッドを上書きして再定義することです**。

◎ メソッドをオーバーライドする

　次のサンプルは Person（人間）クラスを継承した Student（学生）クラスで、メソッドをオーバーライドしています。

sample7-2.html

```
01  <!DOCTYPE html>
02  <html>
03  <head>
04      <title>sample7-2</title>
05      <meta charset="UTF-8">
06  </head>
07  <body>
08      <h1>継承のサンプル（2）</h1>
09      <ul id="studentlist">
10      </ul>
```

```
11    <script>
12        // Personクラス（スーパークラス）の定義
13        class Person{
14            // コンストラクタ
15            constructor(name, age){
16                this.name = name;
17                this.age = age;
18            }
19            // メソッド
20            information(){
21                return "名前:" + this.name + " 年齢:" + this.age;
22            }
23        }
24        // Studentクラス（サブクラス）の定義
25        class Student extends Person{
26            // コンストラクタ（name:名前,age:年齢,grade:学年）
27            constructor(name, age, grade){
28                // スーパークラスのコンストラクタ呼び出し
29                super(name, age);
30                // gradeプロパティに値を代入
31                this.grade = grade;
32            }
33            // メソッド（オーバーライド）
34            information(){
35                return super.information() + " 学年:" + this.grade;
36            }
37        }
38        // インスタンスの生成
39        s = new Student("山田太郎", 18, 3);
40        let info = s.information();
41        document.write("<p>" + info + "</p>");
42    </script>
43 </body>
44 </html>
```

- 実行結果

　Student クラスはコンストラクタと information メソッドをオーバーライドしています。コンストラクタとそれ以外のメソッドでは、オーバーライドの方法が異なるので確認しておきましょう。

◉ コンストラクタのオーバーライド
　39 行目で、Student クラスのインスタンスを生成しています。

- Studentクラスのインスタンスの生成
```
s = new Student("山田太郎", 18, 3);
```

　これにより、Student クラスのコンストラクタが呼び出されます。

- Studentクラスのコンストラクタ
```
constructor(name, age, grade){
    //  スーパークラスのコンストラクタ呼び出し
    super(name, age);
    //  gradeプロパティに値を代入
    this.grade = grade;
}
```

　大前提として、**サブクラスにコンストラクタが定義されている場合、サブクラスのインスタンスを生成したときにはサブクラスのコンストラクタが呼び出されます。**29 行目の「super(name, age)」は、スーパークラス、つまりこの場合には Person クラスのコンストラクタの呼び出しを意味します。**このように、サブクラスのコンストラクタからはスーパークラスのコンストラクタを呼び出すことができます。**

● コンストラクタのオーバーライド

```
s = new Student("山田太郎", 18, 3);

        ■Personクラスのコンストラクタ
        constructor(name, age){
            this.name = name;             name: 山田太郎
            this.age = age;               age:18
        }

        ■Studentクラスのコンストラクタ
        constructor(name, age, grade){
  呼び出し     //   スーパークラスのコンストラクタ呼び出し
            super(name,age);              呼び出し
  name: 山田太郎    //   プロパティgradeに値を代入
  age:18        this.grade = grade;
  grade:3    }
```

　この際、super の引数として、スーパークラスのコンストラクタに必要な値を渡す必要があります。このサンプルでは、name と age が渡されます。これにより、**Person クラスのコンストラクタで this.name に name の値が、this.age に age の値が渡されます**。そして、最後に Student クラスのプロパティである this.grade に引数 grade の値が代入されます。

重要

サブクラスのコンストラクタから、スーパークラスのコンストラクタを super で呼び出すことができます。

◎ **メソッドのオーバーライド**

　次に、コンストラクタ以外のメソッドをオーバーライドする方法について学びましょう。

　Person クラスには information メソッドが定義されていますが、サブクラスである Student クラスでも定義されています。サブクラスにスーパークラスと同名のメソッドがあった場合、**サブクラスのインスタンスでこのメソッドを呼び出すと、サブクラスで上書きされたサブクラスのメソッドが呼び出されます**。

　なお、スーパークラス内の同名のメソッドをサブクラスから呼び出したい場合には「super. メソッド名」で呼び出すことができます。

重要

「super. メソッド名」でサブクラスからスーパークラスのメソッドを呼び出すことができます。

次の処理では Student クラスの information メソッドを呼び出しています。

- **Studentクラスのインスタンスであるinformationメソッドの呼び出し**

```
let info = s.information();
```

では、Student クラスの中では一体どのような処理がなされているのでしょうか？

- **Studentクラスのinformationメソッドの中身の処理**

```
information(){
    return super.information() + " 学年:" + this.grade;
}
```

この中の処理の流れは次のとおりです。

- **informationメソッドの呼び出し処理の流れ**

```
    let info = s.information();
                    ①呼び出し
            ■Personクラスのinformationメソッド

            information(){
                return "名前:" + this.name + " 年齢:" + this.age;
            }
                                        ③スーパークラスの戻り値を得る
            ■Studentクラスのinformationメソッド      名前：山田太郎  年齢:18

            information(){
                return super.information() + " 学年:" + this.grade;
            }
        ④
    戻り値を得る
                                    ②スーパークラスのメソッドの呼び出し
        名前：山田太郎  年齢:18  学年:3
```

　まず、インスタンス s（Student クラスのオブジェクト）の information メソッド が呼び出されます（①）。

　すると、メソッド内の最初に「super.information()」でスーパークラス（Person クラス）の information メソッドを呼び出しています（②）。

　Person クラスのプロパティである this.name には「山田太郎」、this.age には 18 が、それぞれコンストラクタで設定されているので、これによって「名前：山田太郎 年齢：18」という文字列が得られます（③）。

　さらに、得られた文字列に「学年：3」という文字列が追加され、最終的に「名前：山田太郎 年齢：18 学年：3」という文字列が得られます。

　これが戻り値として、変数 info に代入されて処理が完成します（④）。

　以上がこのサンプルの処理の流れです。

　オーバーライドを用いれば、スーパークラスのメソッドを上書きすることができますが、必要があればその機能をサブクラスの中で呼び出して利用することができます。

2 document オブジェクト と DOM

- ◗ document オブジェクトについて理解する
- ◗ DOM の概念について学ぶ
- ◗ JavaScript を用いて DOM を操作する方法を学ぶ

2-1 document オブジェクト

POINT

- document オブジェクトについて理解する
- document オブジェクトで入力値チェックを行う
- document.write が非推奨であることを知る

● document オブジェクトの理解を深める

ここで、今まで使用してきた document オブジェクトについて、もう一歩理解を深めていきましょう。

◉ windowオブジェクト

document オブジェクトを理解するためには、まずは **window（ウィンドウ）オブジェクト** の理解が必要になります。window オブジェクトは、**画面上に表示されている全オブジェクトの操作をつかさどるオブジェクト** で、Web ブラウザのウィンドウに関する情報の取得、ウィンドウの設定・操作といったことをこのオブジェクトの操作で行います。

例えば、コンソールで次の処理を行うと、アラートダイアログを出すこともできます。

sample7-3
```
01 window.alert("HelloJavaScript");
```

- 実行結果（OKボタンで終了）

chrome://new-tab-page の内容

HelloJavaScript

OK

　なお、window オブジェクトは JavaScript のすべての処理の根源となるオブジェクトなので、**「window.」を省略できます**。したがって、この処理は次のように記述しても同じ結果が得られます。

sample7-4（「window.」を省略）

```
01  alert("HelloJavaScript");
```

重要

window オブジェクトの記述は省略できます。

◉ windowオブジェクトのプロパティ

　window オブジェクトはさまざまなプロパティやメソッドを持ちますが、特に大事なのが次のプロパティで管理するオブジェクトです。

- windowオブジェクトの主なプロパティ（オブジェクト）

プロパティ	説明
document	ドキュメント（Document）オブジェクト
event	イベント（Event）オブジェクト
console	コンソール(Console)オブジェクト
navigator	ナビゲーター（Navigator）オブジェクト

　実は私たちがすでに学習した document、event、console など各オブジェクトは、window オブジェクトのプロパティだったのです。

　そのため、本来は「window.document」や「winodow.console」といった記述が必要なのですが、すでに説明したとおり「window.」という記述は省略できるので、単に「document.」「console.」と記述できたのです。

　ちなみにナビゲーターというのはここで初出の概念ですが、Web ブラウザの情報に関するオブジェクトです。

◉ documentオブジェクト

では、あらためて document オブジェクトとは何かについて説明していきましょう。

document オブジェクトは、<u>Web ブラウザ上に表示されているドキュメント、つまり HTML を操作するためのオブジェクト</u>です。私たちは今まで、「document. write」で HTML を出力してきましたが、これは document オブジェクトが HTML を操作するためのオブジェクトだったからです。<u>ただ、実際に document オブジェクトが使われるのは、単に HTML を出力するというよりも、HTML の情報を取得したり、内容を更新したりする場合がほとんどです。</u>

● document オブジェクトの働き

次に document オブジェクトの働きをもう少し深く学習していきましょう。

◉ フォームの入力チェックのサンプル

document.write 以外に、どのような場面で document オブジェクトが使われるのかを理解するために、よく使われる簡単なフォームへの入力チェックのサンプルを作ってみましょう。

今回は、次の2つの HTML を入力してみてください。

sample7-5.html

```
01  <!DOCTYPE html>
02  <html>
03  <head>
04      <title>sample7-5</title>
05      <meta charset="UTF-8">
06      <script>
07          function checkInput(){
08              if(document.form1.userid.value == "" || document.form1.tel.value == ""){
09                  alert("未入力の項目があります");
10                  return false;
11              }else{
```

```
12              return true;
13          }
14      }
15      </script>
16  </head>
17  <body>
18      <h1>ユーザー名・電話番号の登録</h1>
19      <!-- 簡単なフォーム -->
20      <form method="post" name="form1" action="result.html">
21          <p>ユーザーID【必須】</p>
22          <input type="text" name="userid" size="20"><br/>
23          <p>電話番号【必須】</p>
24          <input type="text" name="tel" size="20"><br/>
25          <br>
26          <input type="submit" value="送信" onclick="checkInput()">
27      </form>
28  </body>
29  </html>
```

result.html

```
01  <!DOCTYPE html>
02  <html>
03  <head>
04      <title>登録完了</title>
05      <meta charset="UTF-8">
06  </head>
07  <body>
08      <h1>登録完了</h1>
09      <p>登録が完了しました</p>
10  </body>
11  </html>
```

「sample7-5.html」を開いてみてください。すると、次のような画面が表示されます。

継承／DOM

7日目

- 実行結果① （sample7-5.html）

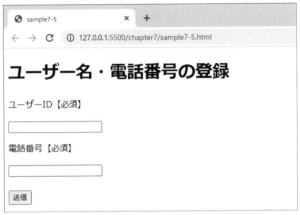

　入力フォームにより、2つの入力欄とボタンを持った画面が表示されます。それぞれに何らかのユーザーIDと電話番号となるテキストを入力し、「送信」ボタンをクリックしてください。

- 実行結果② （ユーザーIDと電話番号を入力した状態）

![sample7-5ブラウザ画面](ユーザー名・電話番号の登録 ユーザーID【必須】 impress 電話番号【必須】 03-1234-5678 送信)

　すると、「result.html」に移動します。

● 実行結果③（「送信」ボタンをクリックした場合）

ただし、ユーザー ID と電話番号のどちらか、もしくはいずれかを入力せずに「送信」ボタンをクリックすると次の警告が表示されます。

● 実行結果④（未入力の項目がある状態で「送信」ボタンをクリックした場合）

```
127.0.0.1:5500 の内容
未入力の項目があります
                                        OK
```

◉ 入力内容のチェック

「送信」ボタンをクリックすると、checkInput 関数が呼び出されます。この関数の中でフォームの入力チェックを行っています。

例えば、ユーザー ID の値は次のようにして取得できます。

● ユーザーIDの取得

```
document.form1.userid.value
```

document オブジェクトは、フォームのオブジェクトが入った form1 プロパティを持っています。さらに form1 プロパティは、input タグのオブジェクトが入った userid プロパティを持っています。これを 1 つにまとめると「document.form1.userid」となり、userid という名前が付いた input タグのオブジェクトを指します。同様に、「document.form1.tel」は tel という名前が付いた input タグのオブジェクトを指します。

● フォーム内のinputタグのオブジェクト

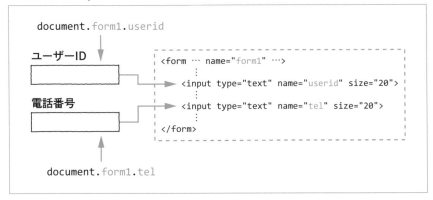

さらに、入力値を取得するには、それぞれのオブジェクトの「value」プロパティを利用します。

このように、documentオブジェクトを利用すると、その下にある要素のオブジェクトをname属性で指定した名前で階層的に取得できます。さらに、そのタグの要素の値はそのオブジェクトのvalueプロパティで取得できます。

● フォームの中のinputタグの値

なお、内容が未入力の場合、これらの値は空文字（""）となります。それをチェックしているのが、「sample7-5.html」の8行目であり、どちらかが未入力である場合には警告を発します。

重要

inputタグに入力した値を取得するにはvalueプロパティを利用します。

新しい document オブジェクトの操作

　ここまで紹介した document オブジェクトの使い方は、まだ JavaScript が HTML や Web ブラウザの「おまけ」程度の位置付けだった時代の使用方法です。つまり、「古典的」な JavaScript の使い方といえるでしょう。

　しかし、JavaScript の役割は大きく変化し、Web 技術の中心となりつつあります。それに伴い、document オブジェクトの扱いも変わってきました。

◉ 非推奨となったdocument.write

　ここまで、JavaScript で文字列を出力する際には、document オブジェクトの write メソッド、つまり「document.write()」を用いてきました。**ただ現在、document. write() は「強く非推奨」、つまり「使ってはいけない」といわれています**。本書は入門書ということもあり、初心者が JavaScript を初めて学ぶ場合には document. write() が手軽であるということもあって、学習のために多用してきました。しかし、document.write() が言語仕様に残っているものの、現在は**実用的なアプリケーションを開発する際には使ってはならないとされています**。

　なぜ使ってはいけないのでしょうか？　それを理解するためには、次に説明する DOM に関して理解する必要があります。

　現在、document.write() は非推奨なので、実用的なアプリケーション開発の際には使わないようにしましょう。

注意

2-2 DOM の基本

- DOM の概念について学ぶ
- DOM で HTML を操作する

● DOM とは何か

現在、JavaScript でオブジェクトを操作するのに用いるのが、**DOM（Document Object Model）** と呼ばれるインターフェースです。

DOM では HTML の構造をオブジェクトとして扱い、ページ内の要素の内容を取得したり、要素を変更・削除したりといった操作を行うことができます。

用語

DOM（Document Object Model）
JavaScript で HTML を構成する要素を操作するための仕組み

DOM の仕組みを理解するために、次のサンプルを入力・実行してみてください。

sample7-6.html

```
01  <!DOCTYPE html>
02  <html>
03  <head>
04      <title>sample7-6</title>
05      <meta charset="UTF-8">
06  </head>
07  <body>
08      <h1>果物の種類</h1>
09      <ul>
10          <li>りんご</li>
11          <li>みかん</li>
12          <li>バナナ</li>
13      </ul>
14  </body>
15  </html>
```

● 実行結果

◉ HTML要素の階層構造

最初に理解しておきたいのが、HTML 要素の**親子関係**です。HTML 要素は、ある要素が別の要素を含み、さらにその要素が別の要素を含む……といった階層構造を持っています。

「sample7-6.html」の場合、head 要素には title 要素と meta 要素が含まれます。body 要素はさらに複雑で、h1 要素、ul 要素を含み、さらに ul 要素は複数の li 要素を含むといった具合です。

このように、HTML はツリー状の階層構造を持ちます。このサンプルの階層構造を図にすると、次のようになります。

● 「sample7-6.html」の階層構造

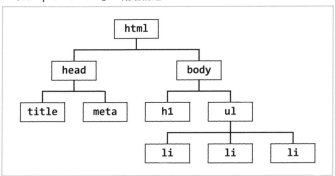

この構造において、上の階層にある要素を**親要素（おやようそ）**といいます。それに対し、親要素の直下の階層にある要素のことを**子要素（こようそ）**といいます。

• HTMLの要素の親子関係

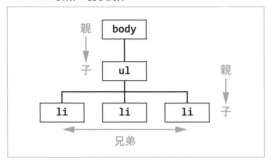

　例えば、このサンプルの場合 ul 要素を親要素とする子要素 li が 3 つあります。このような要素間の親子関係は相対的なもので、例えば body 要素を親要素とすると、ul 要素は子要素となります。また、同じ親を持つノードを**兄弟ノード**といいます。

　なお、親要素 1 つに対し子要素は複数存在しても構いませんが、子要素は 1 つの親要素しか持つことはできません。

◉ DOMツリーとHTMLの構造

　このような構造を JavaScript のオブジェクトの構造に落とし込んだのが DOM ツリーです。ツリー構造の各要素がオブジェクトに相当します。このオブジェクトを操作することにより、DOM ツリーに新しい要素を追加したり、既存の要素を変更・削除したりすることができます。**JavaScript ではそのような DOM ツリーへの操作によって HTML を操作することができるのです。**

重要

JavaScript で DOM ツリーを操作することができます。

● ノードとエレメント

　DOM ツリーについて説明する前に、DOM に関する基本的なキーワードを説明します。HTML の各要素に対応するものとして、JavaScript には**ノード（Node）オブジェクト**と呼ばれるものが存在します。DOM ツリーは、このノードオブジェクトの親子関係で記述します。

◉ ノードの種類

HTML タグで生成した各要素やコメントなど、文書の構成要素を、<u>ノード（Node）</u>といいます。

このノードにはさまざまな種類が存在しますが、この中で主なものを挙げると次のようなものが存在します。

• 主なノードの種類

名前	概要
ドキュメントノード	ドキュメント全体を表すDocumentオブジェクト
要素ノード	要素を表すオブジェクト
テキストノード	テキストを表すオブジェクト
コメントノード	コメントを表すオブジェクト
属性ノード	属性を表すオブジェクト

この中で、DOM の操作で私たちにとって重要になるのが、要素ノードです。

◉ 要素ノード

要素ノードとは、HTML で使用する body、p、li などさまざまなタグで構成される要素です。これらは<u>エレメント（Element）</u>とも呼ばれます。

● DOM の利用

次は DOM によるオブジェクトの操作について学びましょう。次のサンプルを入力・実行してください。

sample7-7.html

```
01  <!DOCTYPE html>
02  <html>
03  <head>
04      <title>sample7-7</title>
05      <meta charset="UTF-8">
06
07  </head>
08  <body>
09      <h1>果物の種類</h1>
10      <ul>
11          <li>りんご</li>
```

7日目

継承／DOM

```
12        <li>みかん</li>
13        <li>バナナ</li>
14    </ul>
15    <!-- リストを操作するDOM操作のスクリプト -->
16    <script>
17        //  ulタグのリストの要素を取得
18        let element = document.querySelector("ul");
19        // リストの最後の子要素として追加
20        let liLast = document.createElement("li");
21        liLast.textContent = "メロン";
22        //  リストの最後に要素を追加
23        element.appendChild(liLast);
24    </script>
25 </body>
26 </html>
```

● 実行結果

このサンプルで、HTML で作成したリスト（10 〜 14 行目）は「sample7-6.html」
と一緒です。ところが、リストの最後に「メロン」という項目が追加されています。
一体なぜこのようなことが起こるのでしょうか？

これは、作成した DOM ツリーを操作し、リストの最後に新しい要素を追加した
からです。

特定のクエリの要素を取り出す

　では、DOM ツリーを操作するとはどのようなことなのでしょうか？　説明していきましょう。

　最初に行うのは、HTML 要素から特定の要素（オブジェクト）を取得することです。このサンプルの場合、子要素を追加するために ul タグのオブジェクトを取得しています。その処理を行っているのが 18 行目です。

● ulタグのオブジェクトの取得（18行目）

```
let element = document.querySelector("ul");
```

　document オブジェクトの querySelector メソッドは、指定したタグの要素のオブジェクトを取得するメソッドです。

　引数として "ul" を渡しているので、DOM ツリーから ul タグの要素を取得しています。その結果、element という名前でこのオブジェクトを操作することができるようになります。

● ulタグのオブジェクト取得

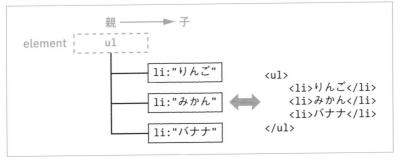

新しい要素オブジェクトを作る

　element オブジェクトは ul タグのオブジェクトなので、「りんご」「みかん」「バナナ」の 3 つの li タグを子要素に持ちます。ここに、次の処理で新しい li タグの兄弟オブジェクトの要素を追加します。まずは新しい li タグの要素を作ります。

• 新しい要素のオブジェクトの作成（20、21行目）

```
let liLast = document.createElement("li");
liLast.textContent = "メロン";
```

　<u>document オブジェクトの createElement メソッドは、新しい HTML 要素のオブジェクトを作ります</u>。

　引数として "li" を与えたので、作られる要素は li タグのオブジェクトです。作成したオブジェクトは liLast としています。ただ、この状態では li タグの中のテキストは空っぽのままです。このとき利用するのが、textContent プロパティです。<u>textContent プロパティは、特定のノード内のテキストを取得したり、設定したりするために用います</u>。そこで liLast の textContent プロパティに、文字列 " メロン " を代入します。すると、<li> メロン </li> という要素に該当するオブジェクトができたことになります。

• 新しい要素のオブジェクトの作成

```
liLast  li: "メロン"

let liLast = document.createElement("li");    <li>メロン</li>
liLast.textContent = "メロン";
                                              textContent
```

◉ オブジェクトに子要素を挿入する

　最後に作成したオブジェクトを DOM ツリーに追加します。追加する場所は、ul タグの下、つまり element の中です。実際にこれを行っているのが 23 行目です。

• elementオブジェクトの子要素としてliLastオブジェクトを追加（23行目）

```
element.appendChild(liLast);
```

　appendChild メソッドは、指定された親要素の子要素リストの末尾に新しい要素を追加します。これにより、リストの末尾に <li> メロン </li> という要素が追加されます。

　以上により、JavaScript に対する DOM オブジェクトの操作で、もともとあった HTML の構造が変更されるのです。

• ulに新しいliオブジェクトを追加

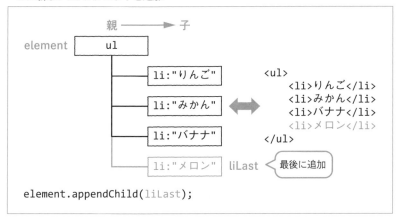

◉ document.writeが非推奨な理由

　このように、JavaScript で DOM の操作を行うと非常に高度な処理を行うことができることがわかります。現在、JavaScript での HTML 要素の操作は DOM を使うことが主流です。ここまで読むと、勘のよい方は「なぜ document.write() が非推奨になったか」がなんとなくわかるのではないでしょうか。**DOM の操作の処理を行っている最中に document.write() の処理を行うと DOM の構造が変わってしまい、操作に不整合が起こる可能性があるからです。**

　以上のような理由から、これからプロとして JavaScript のプログラミングを志す方は、「イロハのイ」としてこのことを肝に銘じておいてください。

例題 7-1 ★ ☆ ☆

「sample4-14.html」（156 ページ）を、document.write ではなく DOM を操作して実現する形に作り変えなさい。この際、DOM ツリーに空の ul タグを作り追加し、その中に li タグの要素を挿入すること。

● **期待される実行結果**

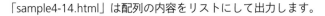

解答例と解説

「sample4-14.html」は配列の内容をリストにして出力します。

sample4-14.html（再掲載）

```
01  <!DOCTYPE html>
02  <html>
03  <head>
04      <title>sample4-14</title>
05      <meta charset="UTF-8">
06  </head>
07  <body>
08      <h1>人気のフルーツ一覧</h1>
09      <ul>
10          <script>
11              let fruits = ["りんご", "もも", "バナナ"];
12              for(let i = 0; i < fruits.length; i++){
13                  document.write("<li>" + fruits[i] + "</li>");
14              }
15          </script>
```

```
16     </ul>
17  </body>
18  </html>
```

document.write の代わりに、新しく生成した li タグの要素のオブジェクトを ul タグに挿入すれば完成です。最初に空の ul タグの要素を作成し、そのあとに DOM の操作で li 要素を挿入していきます。

example7-1.html

```
01  <!DOCTYPE html>
02  <html>
03  <head>
04      <title>example7-1</title>
05      <meta charset="UTF-8">
06  </head>
07  <body>
08      <h1>人気のフルーツ一覧</h1>
09      <ul>
10      </ul>
11      <script>
12          //  ulタグのリストの要素を取得
13          let element = document.querySelector("ul");
14          //  fruitsの配列
15          let fruits = ["りんご", "もも", "バナナ"];
16          for(let i = 0; i < fruits.length; i++){
17              //  liタグの要素のオブジェクトを生成
18              let liLast = document.createElement("li");
19              //  テキストの入力
20              liLast.textContent = fruits[i];
21              //  ulオブジェクトに追加
22              element.appendChild(liLast);
23          }
24      </script>
25  </body>
26  </html>
```

for ループで配列 fruits の要素を 1 つずつ取得し、createElement で生成した li タグの要素の textContent として指定したのち、querySelector で取得した ul タグのオブジェクトの子要素として追加していけば完成です。

2-3 同じ要素がある DOM の操作

POINT

- 同じ要素が複数あるときの DOM 操作について学ぶ
- id セレクタでオブジェクトを操作する

● id セレクタ

基本的な DOM の操作方法を説明しましたが、このサンプルではたまたまリストが1つしかありませんでした。しかし、リストが複数あるなど、複雑な場合に対応できません。DOM ツリー内の特定の要素のオブジェクトを操作したい場合、便利なのが id セレクタです。

次のサンプルは、id セレクタでオブジェクトを指定し、操作しています。

sample7-8.html

```
01  <!DOCTYPE html>
02  <html>
03  <head>
04      <title>sample7-8</title>
05      <meta charset="UTF-8">
06  </head>
07  <body>
08      <h1>果物の種類</h1>
09      <ul id="fruit">
10          <li id="list1">りんご</li>
11          <li id="list2">みかん</li>
12          <li id="list3">バナナ</li>
13      </ul>
14      <!-- DOM操作 -->
15      <script>
16          // ulタグのリストの要素をidで指定して取得
17          let element = document.getElementById("fruit");
18          // リストの最後の子要素として追加（idをlist4とする）
19          let liLast = document.createElement("li");
20          liLast.textContent = "メロン";
21          liLast.id = "list4";
22          // リストの最後に要素を追加
```

```
23        element.appendChild(liLast);
24        //  list2の内容を変更
25        let list2 = document.getElementById("list2");
26        list2.textContent = "ぶどう";
27        //  list3の削除
28        let list3 = document.getElementById("list3");
29        list3.remove();
30      </script>
31  </body>
32  </html>
```

● 実行結果

なお、出力結果として得られたリストの HTML は次のようになっています。

● 出力結果から得られたHTMLのリストの内容

```
<ul id="fruit">
    <li id="list1">りんご</li>
    <li id="list2">ぶどう</li>
    <li id="list4">メロン</li>
</ul>
```

9 〜 13 行目で、「りんご」「みかん」「バナナ」のリストを作っているはずですが、中身が変わっています。なぜこのような結果になるのでしょうか?

◉ getElementByIdメソッド

このサンプルではオブジェクトの取得に getElementById というメソッドを使っています。**このメソッドは、引数に指定された id セレクタを持つ要素のオブジェクトを取得するメソッドです。**

305

今回、ul タグには「fruit」という id が設定されているので、次の処理でオブジェクトを取得できます（①）。

- idが「fruit」のオブジェクトの取得

```
let element = document.getElementById("fruit");
```

そのあと、新しく li タグを持つ要素のオブジェクトを生成し、その内容を「メロン」としています。

注目してほしいのは、このタグに「list4」という id セレクタが付いている点です。**DOM オブジェクトには指定したオブジェクトに id を付けるための id プロパティが存在します**。id プロパティに値を指定することにより、その要素の id を設定することができます。逆に id を知りたければこの値を確認すればよいのです。ここでは新しく挿入した li タグの要素の id を list4 と指定しています（②）。

そして最後に appendChild メソッドでこのオブジェクトを挿入しています（③）。

- list4の追加までの処理

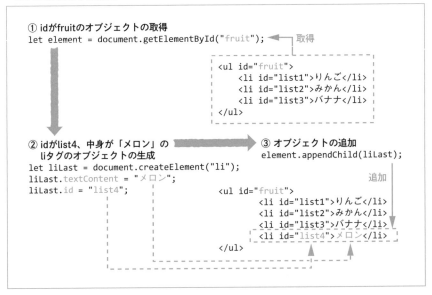

◉ タグの中のテキストの変更

次に、「みかん」から「ぶどう」に変わった理由を説明しましょう。

• list2のテキストの変更

```
let list2 = document.getElementById("list2");
```

```
<ul id="fruit">                          <ul id="fruit">
    <li id="list1">りんご</li>              <li id="list1">りんご</li>
    <li id="list2">みかん</li>              <li id="list2">ぶどう</li>
    <li id="list3">バナナ</li>     変更      <li id="list3">バナナ</li>
    <li id="list4">メロン</li>              <li id="list4">メロン</li>
</ul>                                    </ul>
             list2.textContent = "ぶどう";
```

この処理は、getElementById メソッドでもともと「みかん」という内容だった list2 のオブジェクトを取得し、textContent プロパティを「ぶどう」に変更することにより実現します。DOM を使うことにより、すでにあるタグのテキストの中身を変更することも可能です。

なお、同様の処理は innerHTML プロパティでも実現できます。25 ～ 26 行目を次のように変更しても意味は同じです。

• innerHTMLプロパティによる処理

```
let list2 = document.getElementById("list2");
list2.innerHTML = "<li id=\"list2\">ぶどう</li>";
```

<u>innerHTML の処理は、要素のテキストではなく、タグそのものを取り替える処理</u><u>です</u>。要素の中身のみ入れ替える場合は textContent の変更でよいのですが、例えば p タグを h1 タグに変える、といったような処理をしたい場合には innerHTML プロパティを用いると効率的です。

7日目

継承／DOM

◉ 要素の消去

また、このリストの中にはもともとあった list3 という id を持ち、「バナナ」という値を持つ要素のオブジェクトがありません。それは、このオブジェクトが DOM ツリーから消去されているからです。**オブジェクトを消去するためには remove というメソッドを使います**。このサンプルでは getElementById メソッドで id が list3 となるオブジェクトを取得して消去しています。

• list3の削除

```
let list3 = document.getElementById("list3");
```

```
<ul id="fruit">                          <ul id="fruit">
    <li id="list1">りんご</li>              <li id="list1">りんご</li>
    <li id="list2">みかん</li>              <li id="list2">ぶどう</li>
    <li id="list3">バナナ</li>   削除        <li id="list4">メロン</li>
    <li id="list4">メロン</li>            </ul>
</ul>
                          list3.remove();
```

以上のように、DOM の操作で HTML に変更処理を加えることが可能です。

例題 7-2 ★ ★ ☆

次の HTML に JavaScript の処理を追加し、ボタンをクリックしたとき、「ボタンを押してください」というメッセージが「ボタンが押されました」に変わるようにしなさい。

● **期待される実行結果（ボタンをクリックする前）**

● **期待される実行結果（ボタンをクリックしたあと）**

example7-2.html（変更前）

```
01  <!DOCTYPE html>
02  <html>
03  <head>
04      <title>example7-2</title>
05      <meta charset="UTF-8">
06  </head>
07  <body>
08      <h1>メッセージの変換</h1>
09      <!-- ボタンを配置 -->
```

継承／DOM

309

```
10      <p id="msg">ボタンを押してください</p>
11      <input type="button" value="ボタン" id="btn">
12  </body>
13  </html>
```

解答例と解説

pタグにはmsg、ボタンにはbtnというidがそれぞれもともと割り振られている
ので、これを利用します。それぞれのオブジェクトをgetElementByIdメソッドを用
いて取得します。ボタンの処理はイベントリスナーを使って記述し、その中でpタ
グのtextContentプロパティの書き換えを行います。

example7-2.html（変更後）

```
01  <!DOCTYPE html>
02  <html>
03  <head>
04      <title>example7-2</title>
05      <meta charset="UTF-8">
06  </head>
07  <body>
08      <h1>メッセージの変換</h1>
09      <!-- ボタンを配置 -->
10      <p id="msg">ボタンを押してください</p>
11      <input type="button" value="ボタン" id="btn">
12      <!-- イベント処理 -->
13      <script>
14          // ボタンのオブジェクトを取得する
15          let button = document.getElementById("btn");
16          // ボタンの処理を関数として記述する
17          button.addEventListener("click",function(){
18              let element = document.getElementById("msg");
19              element.textContent="ボタンが押されました";
20          });
21      </script>
22  </body>
23  </html>
```

フォームと DOM

POINT

- フォームの入力値を DOM でチェックする
- 正規表現について学ぶ

DOM を利用した入力チェック

最後に、DOM を利用してフォームに入力された値を取得する方法を説明しましょう。「sample7-5.html」（288 ページ）と同じ処理をするものを、DOM の操作によって実現するように変更してみます。

sample7-9.html

```
01  <!DOCTYPE html>
02  <html>
03  <head>
04      <title>sample7-9</title>
05      <meta charset="UTF-8">
06      <script>
07          function checkInput(){
08              //  ユーザーIDと電話番号のオブジェクト取得
09              let elem_userid = document.getElementById("userid");
10              let elem_tel = document.getElementById("tel");
11              if(elem_userid.value == "" || elem_tel.value == ""){
12                  alert("未入力の項目があります");
13                  return false;
14              }else{
15                  return true;
16              }
17          }
18      </script>
19  </head>
20  <body>
21      <h1>ユーザー名・電話番号の登録</h1>
22      <!-- 簡単なフォーム -->
23      <form method="post" name="form1" action="result.html">
24          <p>ユーザーID【必須】</p>
25          <input type="text" name="userid" id="userid" size="20"><br/>
```

311

```
26          <p>電話番号【必須】</p>
27          <input type="text" name="tel" id="tel" size="20"><br/>
28          <br>
29          <input type="submit" value="送信" onclick="checkInput()">
30      </form>
31  </body>
32  </html>
```

実行結果は「sample7-5.html」と同じなので省略します。

◉ inputタグの要素

このサンプルのフォームは、input タグに name 属性と id 属性を指定しています。そのため、getElementById メソッドでオブジェクトを取得しています。

● inputタグの要素（オブジェクト）を取得

```
let elem_userid = document.getElementById("userid");
let elem_tel = document.getElementById("tel");
```

◉ input要素のテキストの取得

input タグを用いた入力欄の内容を取得・変更する場合には、value 属性を利用します。

● 入力内容の確認

```
if(elem_userid.value == "" || elem_tel.value == ""){
```

ほかの要素と違い、textContent プロパティでは値を取得できないので注意しましょう。

input タグの要素への入力内容は value 属性で取得します。

注意

JavaScriptのDOM操作に関するメソッド・プロパティ

DOM に関するメソッド・プロパティはこのほかにもたくさんあります。主要なオブジェクトとそのメソッド・プロパティを紹介します。

◉ documentオブジェクト

document オブジェクトの DOM 操作に関するメソッドは次のとおりです。

● documentオブジェクトのDOM操作に関するメソッド

メソッド名	引数	処理内容
getElementById()	id	idを指定して要素を取得
getElementByTagname()	タグ名	指定したタグ名の要素リストを取得
createElement(name)	要素名	要素を作成

◉ Nodeオブジェクト

次に、Node オブジェクトの DOM 操作に関連するメソッドとプロパティです。

● Nodeオブジェクトの主要なプロパティ

プロパティ名	内容
innerHTML	ノード内のHTML
nodeType	ノードの種類
nodeName	ノード名
nodeValue	ノードの値
childNodes	子ノードのリスト
firstChild	最初の子ノード
lastChild	最後の子ノード
previousSibling	前の兄弟ノード
nextSibling	次の兄弟ノード

● Nodeオブジェクトの主要なメソッド

メソッド名	引数	処理内容
appendChild(node)	追加するノード	ノードを子ノードとして追加
removeChild(node)	削除するノード	子ノードを削除
replaceChild(node1, node2)	置き換え前、置き換え後のノード	子ノードを置換

7日目

継承／DOM

313

◉ Elementオブジェクト

最後に、Element オブジェクトのプロパティとメソッドです。

● Elementオブジェクトの主要なプロパティ

プロパティ名	内容
attributes	属性のリスト

● Elementオブジェクトの主要なメソッド

メソッド名	引数	処理内容
createAttribute(name)	属性名	属性を作成
removeAttribute(name)	属性名	属性を削除
getAttribute(name)	属性名	属性値を取得
setAttribute(name, value)	属性名、値	属性値を設定

なお、Element オブジェクトは Node オブジェクトの一種であるため、Node オブジェクトのプロパティやメソッドはそのまま利用できます。

正規表現

入力フォームの内容が出てきたので、関連が深い正規表現の内容について説明します。

正規表現とはある文字の並び（文字列）の規則を表現する 1 つの表現方式のことで、郵便番号、電話番号、URL などさまざまなパターンを表現できます。

用語

正規表現（せいきひょうげん）
文字列の中に見つかる「パターン」を表現する記述方法

◉ メタ文字と正規表現

正規表現は、通常の文字と、**メタ文字**と呼ばれる特殊な意味を持つ記号の組み合わせで文字列のパターンを判定します。

主なメタ文字には次のようなものがあります。

- 正規表現で用いられる主なメタ文字

メタ文字	意味
.	任意の1文字
^	〜ではじまる（[ ]内で使用すると除外を意味する）
$	〜で終わる
–	文字の範囲指定
|	または
*	直前の文字を0回以上繰り返す
+	直前の文字を1回以上繰り返す
?	直前の文字を0〜1回繰り返す
(	グループ化の開始
)	グループ化の終了
{	繰り返す回数指定の開始
}	繰り返す回数指定の終了
[	パターン定義の開始
]	パターン定義の終了
\d	すべての半角数字
\w	すべての半角英数字とアンダースコア

正規表現はこれらと普通の文字列の組み合わせで構成されます。

◉ 正規表現の例

では、実際に正規表現の簡単な例を紹介しましょう。

（1）[abc]

a、b、c いずれかの 1 文字を表します。[ ] の中に複数のパターンを記述すると、そのいずれかに該当する正規表現となります。

該当する例：a、b、c
該当しない例：aa、d、bc

（2）[^abc]

a、b、c 以外の 1 文字を表します。^ は通常「〜ではじまる」を意味しますが、[ ] 内で使用すると除外を意味するため、（1）の逆になります。

該当する例：d、e
該当しない例：dd、a、b、c

315

(3)[A-Z]

　大文字のアルファベット1文字。「-」は文字の範囲指定に用いるので「A-Z」はAからZまでの範囲のすべてを表します。

　該当する例：A、B、Z
　該当しない例：a、BB、AB

(4)[a-zA-Z0-9]

　アルファベットか数字1文字を表します。a-zがアルファベット小文字の範囲、A-Zが大文字、0-9が数字全体を表します。

　該当する例：A、a、9
　該当しない例：AA、1B、10

(5)^ 東京 .*

　「東京」ではじまる文字列を表します。^ は、文字列の先頭を表し、東京のあとの「.」は任意の1文字、* はそれが0文字以上続くことを表します。

　該当する例：東京、東京都、東京タワー
　該当しない例：埼玉県、西東京市

(6)[0-9]+cm

　「〇〇cm」と書かれた数値を表します。〇〇は0以上の整数が入ります。[0-9]+ が、1文字以上の数字を表し、そのあとに cm が続くことでこのような表現になります。

　該当する例： 1cm、10cm、0cm
　該当しない例：-1cm、cm、100

(7)^[0-9]{3}-[0-9]{4}$

　この例は少し長いですが、郵便番号の正規表現です。最初は0～9の3桁の数値ではじまり、間を「-」で区切り最後には0～9の4桁の数値で終了します。

　該当する例：101-0051、171-0022
　該当しない例：1710022、03-6837-4600

　なお、同じパターンの正規表現にもさまざまな書き方ができます。興味のある方はインターネットで書式を色々と調べてみてください。

● JavaScriptで正規表現を用いる

　JavaScript で正規表現を扱うためには次のようにして、正規表現を扱う <u>RegExp オブジェクト</u>を生成して用います。

● RegExpオブジェクトの基本的な生成方法
```
let オブジェクト名=/正規表現/;
```

　RegExp オブジェクトは test というメソッドを持っており、引数として与えた文字列が、パターンにマッチしていれば true、そうでなければ false を返します。
　Chrome のコンソールで、次の処理を入力・実行してみてください。

sample7-10
```
01  let zip=/^[0-9]{3}-[0-9]{4}$/;
```

　この処理により、変数 zip は郵便番号が正しく入力されたかどうかを調べるオブジェクトとして利用できます。

sample7-11
```
01  zip.test("101-0051");
```

● 実行結果
```
true
```

　「101-0051」は実在する東京都千代田区神田神保町の郵便番号で、パターンにマッチします。そのため、戻り値として「true」が返ってきます。
　次に、あえてこのパターンにマッチしない文字列で試してみましょう。

sample7-12
```
01  zip.test("https://www.impress.co.jp/");
```

● 実行結果
```
false
```

　今度は false が返ってきました。このように、正規表現を用いると、ある文字列がそのパターンにマッチするかどうかを簡単に調べることができます。

例題 7-3 ★ ★ ☆

「sample7-9.html」（311 ページ）を変更し、ユーザー ID および電話番号が正しく
なければ「ユーザー ID もしくは電話番号に誤りがあります」と出力するようにしな
さい。なお、ユーザー ID はメールアドレスとします。この際、入力内容が正しいか
どうかを確認するには、正規表現を用いること。それぞれの正規表現は次のとおりと
する。

- メールアドレス

```
^[A-Za-z0-9]{1}[A-Za-z0-9_.-]*@{1}[A-Za-z0-9_.-]+.[A-Za-z0-9]+$
```

- 電話番号

```
^0[-\d]{11,12}$
```

 解答例と解説

ユーザー ID の正規表現に使用する文字列の変数 userid_exp と、電話番号の正規表
現に使用する文字列の変数 tel_exp をそれぞれ作成し、test メソッドで入力内容がパ
ターンにマッチしているのを確認します。

メールアドレスの正規表現は、アルファベットもしくは数字ではじまり、@ より
前の部分はアルファベットと数字「.」「-」「_」が使用でき、最後はアルファベット
もしくは数字であるパターンを表しています。また、電話番号は 0 からはじまり、
数字と「-」の組み合わせが 11 か 12 文字の、数字で終わるパターンを表しています。

なお、このほかにもさまざまな組み合わせで、メールアドレスと電話番号の正規表
現を作れます。

example7-3.html

```
01  <!DOCTYPE html>
02  <html>
03  <head>
04      <title>example7-3</title>
05      <meta charset="UTF-8">
06      <script>
07          function checkInput(){
```

```
08          //  ユーザーIDと電話番号のオブジェクト取得
09          let elem_userid = document.getElementById("userid");
10          let elem_tel = document.getElementById("tel");
11          //  ユーザーIDと電話番号の正規表現
12          let userid_exp = /^[A-Za-z0-9]{1}[A-Za-z0-9_.-]*@{1}
    [A-Za-z0-9_.-]+.[A-Za-z0-9]+$/;
13          let tel_exp = /^0[-\d]{11,12}$/;
14          if(userid_exp.test(elem_userid.value)==true && tel_exp.
    test(elem_tel.value)==true){
15              return true;
16          }else{
17              alert("ユーザーIDもしくは電話番号に誤りがあります");
18              return true;
19          }
20      }
21    </script>
22  </head>
23  <body>
24    <h1>ユーザー名・電話番号の登録</h1>
25    <!-- 簡単なフォーム -->
26    <form method="post" name="form1" action="result.html">
27        <p>ユーザーID【必須】</p>
28        <input type="text" name="userid" id="userid" size="20"><br/>
29        <p>電話番号【必須】</p>
30        <input type="text" name="tel" id="tel" size="20"><br/>
31        <br>
32        <input type="submit" value="送信" onclick="checkInput()">
33    </form>
34  </body>
35  </html>
```

3 練習問題

 正解は 341 ページ

問題 7-1 ★ ☆ ☆

「sample4-24.html」（172 ページ）の document.write 部分の処理をすべて DOM の操作によってテーブルを生成する処理として書き換えなさい。

なお、ファイル名は「prob7-1.html」とすること。

問題 7-2 ★ ★ ☆

入力欄に電話番号を入力して「確認」ボタンをクリックすると、状況に応じて次のようにメッセージが変化するプログラムを作りなさい。

なお、ファイル名は「prob7-2.html」とし、電話番号の正規表現「^0[-\d]{11,12}$」を用いること。

- 起動時：「電話番号を入力してください」
- 電話番号以外の値が入力された場合：「電話番号ではありません」
- 電話番号が入力された場合：「電話番号が入力されました」

- **起動時**

- **電話番号以外の値を入力して「確認」ボタンをクリックした場合**

- **電話番号を入力して「確認」ボタンをクリックした場合**

7日目

継承／DOM

321

「sample4-25.html」（175 ページ）を次のように変更しなさい。ただし実行結果は変わらないようにすること。

また、ファイル名は「prob7-3.html」とすること。

- 企業情報は Company クラスで定義する
- Company クラスには、企業情報の URL にリンクするタグの HTML を取得する linked_url メソッドを追加する
- Company クラスのインスタンスは配列 companies で管理する
- テーブルは document.write を用いず、DOM の操作で作成する

練習問題の解答

1日目　はじめの一歩

1日目の問題の解答です。

- 【答え】d
- 【解説】

　HTML は複数のタグから構成される、人間に理解できるマークアップ言語です。Web サイトは HTML で記述され、Web ブラウザからのリクエストに対するレスポンスとして Web ブラウザに送られてきます。

- 【答え】c
- 【解説】

　 は HTML では半角スペースを表す特殊文字です。< は「<」、> は「>」、& は「&」を表します。

- 【答え】c
- 【解説】

　JavaScript は「Java」という言葉が付いているものの、Java とは異なるプログラミング言語です。当初は HTML に埋め込むための言語として使用されていましたが、現在はさまざまな用途に使われています。

2 日目
JavaScriptの基本

2日目の問題の解答です。

2-1

答え

```
01  console.log(1 + 3);        (1)
02  console.log(3 - 5);        (2)
03  console.log(5 * 2);        (3)
04  console.log(12 / 4);       (4)
05  console.log((1 + 5) * 0.5); (5)
```

- 【解説】

console.log() の ( ) に式を入れることで、計算結果が得られます。なお、乗算には *、
除算には/を用います。( )で囲むことにより、演算の優先順位を変えることができます。

2-2

答え

```
01  let a = 18;                (1)
02  let b = 10;                (2)
03  console.log(a - b);        (3)
```

- 【解説】

変数の宣言と同時に値を代入する場合、「let 変数名 = 初期値 ;」と記述します。また、
変数を用いて演算を行うこともできます。変数 a に 18、変数 b に 10 を代入するこ
とにより、a - b の結果である 8 を得ることができます。

2-3

答え

```
01  let s1 = "Hello";          (1)
02  let s2 = "Internet";       (2)
03  console.log(s1 + s2);      (3)
```

- 【解説】

　変数には数値だけではなく文字列を代入することもできます。文字列は、「"」もしくは「'」で囲みます。文字列同士は「+」演算子で結合することができます。

2-4

答え

```
01  let s = "プログラミング";    (1)
02  console.log(s.length);      (2)
```

- 【解説】

　文字列の length プロパティで文字列の長さを取得することができます。「プログラミング」という文字列は 7 文字なので、「7」という結果が得られます。

3日目 条件分岐／繰り返し処理

 ● 3日目の問題の解答です。

3-1

prob3-1.html

```
01  <!DOCTYPE html>
02  <html>
03  <head>
04      <title>prob3-1</title>
05      <meta charset="UTF-8">
06  </head>
07  <body>
08      <h1>if文による条件分岐</h1>
09      <script>
10          let num = 1;
11          // 条件分岐
12          if(num < 100){
13              document.write("<p>numは100未満</p>");
14          }else{
15              document.write("<p>numは100以上</p>");
16          }
17      </script>
18  </body>
19  </html>
```

● 【解説】

「変数 num が 100 未満」という条件は「num < 100」と表せます。これが if 文の
条件になると、if 文が成立した場合の処理と、else の場合の処理がもとのサンプルと
逆になります。

3-2

prob3-2.html

```
01  <!DOCTYPE html>
02  <html>
03  <head>
04      <title>prob3-2</title>
05      <meta charset="UTF-8">
06  </head>
07  <body>
08      <h1>数値による条件分岐</h1>
09      <script>
10          let num = 1;
11          // 条件分岐
12          switch(num){
13              case 1:
14                  document.write("<p>numは1です。</p>");
15                  break;
16              case 2:
17                  document.write("<p>numは2です。</p>");
18                  break;
19              case 3:
20                  document.write("<p>numは3です。</p>");
21                  break;
22              default:
23                  document.write("<p>numは1,2,3以外の数です。</p>");
24                  break;
25          }
26      </script>
27  </body>
28  </html>
```

- 【解説】

  if、else if に該当する部分は switch 文では case で記述します。else に該当する部分は default で記述します。処理の最後には「break」を付けるのを忘れないようにしましょう。

prob3-3.html（解答例①）

```html
01  <!DOCTYPE html>
02  <html>
03  <head>
04      <title>prob3-3</title>
05      <meta charset="UTF-8">
06  </head>
07  <body>
08      <h1>繰り返し処理</h1>
09      <script>
10          let num = 1;
11          while(num <= 5){
12              document.write("<p>" + num + "</p>");
13              num++;
14          }
15      </script>
16  </body>
17  </html>
```

- **【解説】**

　while 文で同様の繰り返し処理を記述する方法は何種類かありますが、主なものを紹介します。一番シンプルなやり方は、変数 num が条件を満たす間処理を繰り返す解答例①のような方法です。

　また、次の解答例②のように while(true) として無限ループを作り、条件を満たさなくなった場合に break でループから抜ける方法もあります。

prob3-3.html（解答例②）

```html
01  <!DOCTYPE html>
02  <html>
03  <head>
04      <title>prob3-3</title>
05      <meta charset="UTF-8">
06  </head>
07  <body>
08      <h1>繰り返し処理</h1>
09      <script>
10          let num = 1;
11          while(true){
```

```
12          if(num > 5){
13              break;
14          }
15          document.write("<p>" + num + "</p>");
16          num++;
17        }
18    </script>
19  </body>
20  </html>
```

prob3-4

```
01  for(let year = 1900; year <= 2100; year++){
02      if(year%4 == 0){
03          if(year%100 != 0 || year%400 == 0){
04              console.log(year);
05          }
06      }
07  }
```

- 【解説】

調べる年（1900 ～ 2100）を for ループの処理でうるう年かどうかを調べます。最初に 4 で割り切れるかを調べてから、「100 で割り切れる年はうるう年としないが、そのうち 400 で割り切れる年はうるう年とする」を調べます。2 つ目の条件は「100 で割った余りが 0 ではない、もしくは 400 で割った余りが 0」という条件になるので、「year%100 != 0 || year%400 == 0」という条件式で表します。これにより、2000 年はうるう年だと判定され、1900 年と 2100 年はうるう年として判定されなくなります。

prob3-5

```
01  for(let num = 2; num <= 100; num++){
02      let divisors = 0; // 約数の数
03      for(let i = 1; i <= num; i++){
```

```
04        if(num%i == 0){
05            divisors++;
06        }
07    }
08    if(divisors == 2){
09        console.log(num);
10    }
11 }
```

● 【解説】

　2重ループを作り、外側のループで数字を2〜100までカウントしていき、内側のループでその数の約数の数を調べます。素数は1とその数以外に約数を持たないため、内側のループの結果、約数の数が2だった数を出力します。

4日目　コレクション

📄 ▶ 4日目の問題の解答です。

(1) の答え
```
01  let array = [];
```

(2) の答え
```
01  array.push(1);
02  array.push(2);
03  array.push(3);
```

(3) の答え
```
01  for(elem of array){
02    console.log(elem);
03  }
```

● 【解説】

for 〜 of 文は「for(変数 of 配列)」とすることで、繰り返すたびに配列の要素が変数に代入されます。変数の値を console.log で出力すれば完成です。

prob4-2.html
```
01  <!DOCTYPE html>
02  <html>
03  <head>
04      <title>prob4-2</title>
05      <meta charset="UTF-8">
06  </head>
```

```
07  <body>
08      <h1>小学生が将来なりたい職業ランキング</h1>
09      <ol>
10          <script>
11              let professions = ["サッカー選手・監督", "野球選手・監督",
    "医師", "ユーチューバー"];
12              for(let i = 0; i < professions.length; i++){
13                  document.write("<li>" + professions[i] + "</li>");
14              }
15          </script>
16      </ol>
17  </body>
18  </html>
```

- 【解説】

基本は「sample4-14.html」と一緒ですが、h1 タグによる見出しと、配列の内容（professions）を変更します。また、リストの番号は ul タグによるリストから ol タグによるリストに変えると自動的に番号を付けることができます。

prob4-3.html

```
01  <!DOCTYPE html>
02  <html>
03  <head>
04      <title>prob4-3</title>
05      <meta charset="UTF-8">
06  </head>
07  <body>
08      <h1>人口が多い国ランキング</h1>
09      <table border="1" style="border-collapse:collapse">
10          <tr>
11              <th>順位</th><th>国名</th><th>人口（億人）</th>
12          </tr>
13          <script>
14              let countries = {
15                  "中国":14.48,
16                  "インド":14.06,
17                  "インドネシア":2.79
18              };
```

```
19       // 順位
20       let rank = 1;
21       for(let key in countries){
22           document.write("<tr>");
23           document.write("<th>" + rank + "</th>");
24           document.write("<th>" + key + "</th>");
25           document.write("<td>" + countries[key] + "</td>");
26           document.write("</tr>");
27           rank++;
28       }
29       </script>
30   </table>
31 </body>
32 </html>
```

- 【解説】

テーブルの3列を順位、国名、人口とします。作成する連想配列（countries）には国名と人口の組み合わせを代入します。順位は変数 rank に代入し、for ループの中で1つずつ値を増やしていきます。for ループで rank、キーと値の組み合わせを出力すると完成です。

5 5日目　関数とイベント

5日目の問題の解答です。

5-1

prob5-1.html

```
01  <!DOCTYPE html>
02  <html>
03  <head>
04      <title>prob5-1</title>
05      <meta charset="UTF-8">
06  </head>
07  <body>
08      <h1>最小値を求める関数</h1>
09      <script>
10          // 最小値を求める関数
11          function minNumber(n1, n2){
12              if(n1 < n2){
13                  // n1のほうが小さければn1を返す
14                  return n1;
15              }
16              // そうでなければn2を返す
17              return n2;
18          }
19          // 引数の準備
20          let num1 = 11;
21          let num2 = 16;
22          // 関数の呼び出し
23          let n = minNumber(num1, num2);
24          // 結果の出力
25          document.write("<p>" + num1 + "と" + num2 + "のうち小さい値は"
    + n + "です。</p>");
26      </script>
27  </body>
28  </html>
```

- 【解説】

「example5-1.html」の maxNumber 関数は 2 つの引数 n1、n2 のうち大きい数を戻り値として返すことにより最大値を得られます。minNumber 関数はこの逆を行えばよいのです。関数を書き換えたら、あとは関連する部分を変更すれば完成です。

prob5-2.html

```
01  <!DOCTYPE html>
02  <html>
03  <head>
04      <title>prob5-2</title>
05      <meta charset="UTF-8">
06  </head>
07  <body>
08      <h1>hellos関数の呼び出し</h1>
09      <script>
10      //  指定した数だけ「HelloJavaScript」を表示する関数
11      function hellos(n){
12          for(let i = 0; i < n; i++){
13              document.write("<p>HelloJavaScript</p>");
14          }
15          return; //  省略可能
16      }
17      //  関数の呼び出し
18      hellos(3);
19      </script>
20  </body>
21  </html>
```

- 【解説】

hellos 関数の引数の回数だけ繰り返し「<p>HelloJavaScript</p>」を document.write で出力すれば完成です。関数に戻り値はないので、最後の return は省略することが可能です。

5-3

prob5-3.html

```
01  <!DOCTYPE html>
02  <html>
03  <head>
04      <title>prob5-3</title>
05      <meta charset="UTF-8">
06  </head>
07  <body>
08      <h1>住みたい街ランキング</h1>
09      <table border="1" style="border-collapse:collapse">
10          <tr>
11              <th>順位</th><th>住みたい街</th><th>都道府県</th>
12          </tr>
13          <script>
14              let staff = [
15                  [1, "横浜市", "神奈川県"],
16                  [2, "札幌市", "北海道"],
17                  [3, "福岡市", "福岡県"],
18                  [4, "名古屋市", "愛知県"],
19                  [5, "世田谷区", "東京都"]
20              ];
21              // 外側のforEach
22              staff.forEach(function(data){
23                  document.write("<tr>");
24                  // 内側のforEach
25                  data.forEach(function(item){
26                      document.write("<td>" + item + "</td>");
27                  });
28                  document.write("</tr>");
29              });
30          </script>
31      </table>
32  </body>
33  </html>
```

● 【解説】

表のタイトルやデータの内容を変更すれば完成です。

337

6日目
オブジェクトとクラス

6日目の問題の解答です。

6-1

prob6-1.html

```
01  <!DOCTYPE html>
02  <html>
03  <head>
04      <title>prob6-1</title>
05      <meta charset="UTF-8">
06  </head>
07  <body>
08      <h1>国の情報</h1>
09      <script>
10          // 国の情報クラス
11          class Country{
12              // コンストラクタ
13              constructor(name, population, capital){
14                  this.name = name;
15                  this.population = population;
16                  this.capital = capital;
17              }
18              information(){
19                  return this.name + "の人口は" + this.population + "億
    人、" + "首都は" + this.capital;
20              }
21          }
22          // インスタンスの生成
23          country = new Country("日本", 1.2, "東京");
24          // 情報の表示
25          let info = country.information();
26          document.write("<p>" + info + "</p>");
27      </script>
```

```
28  </body>
29  </html>
```

● 【解説】

　Country クラスのコンストラクタの引数として、国名（name）、人口（population）、首都（capital）の情報を受け取り、それを該当するプロパティに代入します。また、information メソッドの定義をクラス内に記述するときには「function()」という記述は不要になります。クラスを定義したら、new でインスタンス生成します。その際には引数を渡す必要があります。

 6-2

prob6-2.html

```
01  <!DOCTYPE html>
02  <html>
03  <head>
04      <title>prob6-2</title>
05      <meta charset="UTF-8">
06  </head>
07  <body>
08      <h1>会社情報</h1>
09      <script>
10          //  会社の情報クラス
11          class Company{
12              //  コンストラクタ
13              constructor(name, address, business){
14                  this.name = name;
15                  this.address = address;
16                  this.business = business;
17              }
18              information(){
19                  return this.name + " (" + this.address + ") :" + this.business;
20              }
21          }
22          //  インスタンスの生成
23          companies = [];
24          companies.push(new Company("日本工業", "東京都荒川区", "製造業"));
```

```
25        companies.push(new Company("大阪観光", "大阪市港区", "観光業
      "));
26        companies.push(new Company("名古屋建設", "愛知県名古屋市", "建
      設業"));
27        //  情報の表示
28        companies.forEach(function(company){
29            let info = company.information();
30            document.write("<p>" + info + "</p>");
31        });
32    </script>
33  </body>
34  </html>
```

● 【解説】

　Companyクラスのインスタンスを保持するための配列companiesを最初に定義し、それの生成したインスタンスをpushメソッドで挿入します。最後に配列companiesのforEachメソッドを使って結果を出力します。

7 7日目 継承／DOM

7日目の問題の解答です。

7-1

prob7-1.html

```
01  <!DOCTYPE html>
02  <html>
03  <head>
04      <title>prob7-1</title>
05      <meta charset="UTF-8">
06  </head>
07  <body>
08      <h1>国の一覧</h1>
09      <table border="1" style="border-collapse:collapse">
10          <tr>
11              <th>英語の国名</th><th>日本語の国名</th>
12          </tr>
13      </table>
14      <script>
15          //  国のデータ
16          let countries = {
17              Japan:"日本",
18              USA:"アメリカ",
19              China:"中国",
20              Korea:"韓国"
21          };
22          //  結果の出力
23          for(let key in countries){
24              //  tableタグのリストの要素を取得
25              let table = document.querySelector("table");
26              //  テーブルの最後の子要素としてtrタグの要素追加
27              let trLast = document.createElement("tr");
28              //  trタグの子要素となるth、tdタグの要素のオブジェクトを作成
```

```
29          let th = document.createElement("th");
30          th.textContent = key;
31          let td = document.createElement("td");
32          td.textContent = countries[key];
33          //  trLastの子要素としてth、tdを追加
34          trLast.appendChild(th);
35          trLast.appendChild(td);
36          //  テーブルの最後にtrLast要素を追加
37          table.appendChild(trLast);
38        }
39     </script>
40  </body>
41  </html>
```

- 【解説】

テーブルの各行には tr タグの要素があり、tr タグの中にはさらに th、td タグの要素が入っています。そのため、tr タグの要素のオブジェクトを最初に作り、そこに th、td タグの要素を作成して挿入し、最後に tr タグの要素を table タグの要素として挿入します。これを用意されたオブジェクトのキーと値の組み合わせだけ繰り返せば表は完成します。

prob7-2.html

```
01  <!DOCTYPE html>
02  <html>
03  <head>
04     <title>prob7-2</title>
05     <meta charset="UTF-8">
06  </head>
07  <body>
08     <h1>電話番号チェッカー</h1>
09     <!-- ボタンを配置 -->
10     <input type="text" id="telno">
11     <p id="msg">電話番号を入力してください</p>
12     <input type="button" value="確認" id="btn">
13     <!-- イベント処理-->
14     <script>
15        //  ボタンのオブジェクトを取得する
```

```
16      let button = document.getElementById("btn");
17      //  ボタンの処理を関数として記述する
18      button.addEventListener("click", function(){
19          //  電話番号の正規表現
20          let tel_exp = /^0[-\d]{11,12}$/;
21          //  メッセージとテキスト入力の要素オブジェクト取得
22          let element = document.getElementById("msg");
23          let telno = document.getElementById("telno");
24          //  入力内容のチェック
25          if(tel_exp.test(telno.value) == true){
26              element.textContent = "電話番号が入力されました";
27          }else{
28              element.textContent = "電話番号ではありません";
29          }
30      });
31  </script>
32  </body>
33  </html>
```

- 【解説】

電話番号を入力する input タグには telno、メッセージを出力する p タグには msg という id を付けます。ボタンがクリックされたとき、イベント処理として呼ばれる関数内で、正規表現を使って入力内容をチェックし、状況に応じてメッセージを書き換えます。なお、input タグに入力された値の取得には、value プロパティを用いることを忘れないようにしましょう。

 7-3

prob7-3.html

```
01  <!DOCTYPE html>
02  <html>
03  <head>
04      <title>prob7-3</title>
05      <meta charset="UTF-8">
06  </head>
07  <body>
08      <h1>GAFAMの一覧</h1>
09      <table border="1" style="border-collapse:collapse">
10          <tr>
```

```
11              <th>名前</th><th>運営会社</th><th>創立年</th><th>URL</th>
12          </tr>
13      </table>
14      <script>
15          // 企業クラス
16          class Company{
17              constructor(name, company, founding, url){
18                  this.name = name;
19                  this.company = company;
20                  this.founding = founding;
21                  this.url = url;
22              }
23              // リンク付きURLの取得メソッド
24              linked_url(){
25                  return "<a href=\"" + this.url + "\">" + this.url + "</a>";
26              }
27          }
28          let companies=[];
29          companies.push(new Company("Google", "Alphabet Inc.", 1998, "https://abc.xyz/"));
30          companies.push(new Company("Apple", "Apple Inc.", 1976, "https://www.apple.com/"));
31          companies.push(new Company("Facebook", "Meta Platforms, Inc.", 2004, "https://www.meta.com/"));
32          companies.push(new Company("Microsoft", "Microsoft Corporation", 1975, "https://www.microsoft.com"));
33          // テーブルの要素取得
34          let table = document.querySelector("table");
35          // GAFAMのデータの概要を取得
36          companies.forEach(function(company){
37              let tr = document.createElement("tr");
38              // 各行の要素を取得
39              for(let key in company){
40                  // tdタグの要素を生成
41                  let td = document.createElement("td");
42                  if(key == "url"){
43                      // キー名がurlの場合のみハイパーリンクを生成する
44                      td.innerHTML = "<td>" + company.linked_url() + "</td>";
45                  }else{
46                      // キーから企業情報を取得する
47                      let textContent = company[key];
```

```
48              td.textContent = textContent;
49            }
50            tr.appendChild(td);
51          }
52          table.appendChild(tr);
53        });
54    </script>
55  </body>
56  </html>
```

- **【解説】**

　Company クラスに、コンストラクタと linked_url メソッドを定義します。linked_url メソッドでは、a タグに url プロパティの値を入れた形式を戻り値にします。最後に DOM で表を作成する際に、リンクの部分だけは linked_url メソッドの出力結果を innerHTML プロパティに追加します。

あとがき

　はやいもので、この 1 週間プログラミングシリーズで本を書かせていただいてから、これで 8 冊目になります。今回のテーマが JavaScript に決まった段階で、執筆するにあたりかなり久しぶりに JavaScript に関する資料をあさりだすと、だんだん気分が暗くなってきました。というのも、JavaScript に関してはあまりいい思い出はなく、調査の過程で過去の「開きたくない記憶の扉」が次々と開かれてしまったからです。

　1 日目で説明していますが、この JavaScript という言語は「ブラウザ戦争」の影響で、Web ブラウザの種類によってかなり言語仕様が違う……という時代が長らく続き、私はその真っただ中を経験しているので、ただただ「大変だった」という記憶しかないのです。

　今となっては懐かしい IE（インターネット・エクスプローラ）や、いまだ現役バリバリの Google Chrome、Firefox、ほかにも Web ブラウザは山ほどあり、Web ブラウザごとの仕様の違いはもちろんのこと、バージョンの違いにも留意しなくてはならないからです。このために心が折れて、戦線離脱していったエンジニアがどれだけいたことか……。現在、そのような違いは表面的にはほとんどなくなってはきましたが、その成果は脱落していった先人たちの貴い犠牲のもとに成し遂げられたものなのでしょう。

　JavaScript は Web ブラウザとテキストエディタさえあれば、簡単に学習をはじめられることから、プログラミング初心者が最初に学ぶ言語として選ばれることも多いようですが、そのような歴史を知っている人間としては何とも感慨深いです。

　ただ、大変な思いはしておくもので、そのときの経験は執筆時に大いに役に立っています。執筆にあたり最初に決めたことは「何を書かないか」ということでした。というのも、前述の理由で JavaScript には今となっては入門者が「知らなくてもよい」過去のレガシーともいうべきものが山ほどあるので、もしも入門者が独学で学ぶためにネットで情報を調べると、ある程度の所でかなり高い確率でそのような「知らなくてもよい」情報に振り回されることになるからです。

　そのため、本音をいえば本文中に「これについて言及するなら、もう少し踏み込みたい」「ここをもう少し詳しく解説したい」と思った部分も少なからずあったのですが、入門の段階ではかえって理解の妨げになる……と思ったものはバッサリと切り捨てました。そういったこともあり、説明が若干舌足らずに感じてしまう部分もあるとは思いますが、ご容赦いただきたいと思っています。

　ただ、できる限り最短距離で JavaScript という言語の本質の入り口くらいまでにはたどり着けるようになっているとは自負しております。本書を読んでからであれば、ネットで情報を調べたり、もっとレベルの高い専門書にトライしたりと本書のレベルを超えた知識を深めることも難しくないと思います。
　「千里の道も一歩から」という言葉がありあますが、表紙にあるように JavaScript に関してはこれが本当の「はじめの一歩」です。やれやれ、大変だな……と思う方もいらっしゃるかもしれませんが、これをきっかけに JavaScript ばかりではなく Web の技術やプログラミング全般に興味を持ち、より高度な内容にチャレンジしてみたいと思って頂ければ幸甚です。

　最後に、本書を出版できたのは編集長の玉巻様、担当編集の畑中様、編集プロダクションであるリブロワークスの大津様、内形様、そして技術校正のトップスタジオ様をはじめとして、多くの方のご助力、ご助言の賜物であると考えており、最後にこの場を借りてお礼を申し上げたいと思います。

2023 年 4 月　亀田健司

索引

著者プロフィール

亀田健司（かめだ・けんじ）

大学院修了後、家電メーカーの研究所に勤務し、その後に独立。現在はシフトシステム代表取締役として、AIおよびIoT関連を中心としたコンサルティング業務をこなすかたわら、プログラミング研修の講師や教材の作成などを行っている。

同時に、プログラミングを誰でも気軽に学べる「一週間で学べるシリーズ」のサイトを運営。初心者が楽しみながらプログラミングを学習できる環境を作るための活動をしている。

■一週間で学べるシリーズ

https://sevendays-study.com/

スタッフリスト

編集	内形 文（株式会社リブロワークス）
	畑中 二四
校正協力	株式会社トップスタジオ
表紙デザイン	阿部 修（G-Co.inc.）
表紙イラスト	神林 美生
表紙制作	鈴木 薫
本文デザイン・DTP	株式会社リブロワークス デザイン室
編集長	玉巻 秀雄

■商品に関する問い合わせ先

このたびは弊社商品をご購入いただきありがとうございます。本書の内容などに関するお問い合わせは、下記のURLまたは二次元バーコードにある問い合わせフォームからお送りください。

https://book.impress.co.jp/info/

上記フォームがご利用いただけない場合のメールでの問い合わせ先
info@impress.co.jp

※お問い合わせの際は、書名、ISBN、お名前、お電話番号、メールアドレス に加えて、「該当するページ」と「具体的なご質問内容」「お使いの動作環境」を必ずご明記ください。なお、本書の範囲を超えるご質問にはお答えできないのでご了承ください。

● 電話やFAX でのご質問には対応しておりません。また、封書でのお問い合わせは回答までに日数をいただく場合があります。あらかじめご了承ください。
● インプレスブックスの本書情報ページ https://book.impress.co.jp/books/1122101168 では、本書のサポート情報や正誤表・訂正情報などを提供しています。あわせてご確認ください。
● 本書の奥付に記載されている初版発行日から3 年が経過した場合、もしくは本書で紹介している製品やサービスについて提供会社によるサポートが終了した場合はご質問にお答えできない場合があります。

■落丁・乱丁本などの問い合わせ先
FAX 03-6837-5023
電子メール service@impress.co.jp
※古書店で購入された商品はお取り替えできません

1週間で JavaScript の基礎が学べる本

2023 年 5 月 21 日 初版発行

著 者 亀田 健司

発行人 小川 亨

編集人 高橋 隆志

発行所 株式会社インプレス
〒 101-0051 東京都千代田区神田神保町一丁目 105 番地
ホームページ https://book.impress.co.jp/

印刷所 日経印刷株式会社

ISBN978-4-295-01646-5 C3055

Printed in Japan